深圳市
重点产业专利
分析报告

（2024年）

中国（深圳）知识产权保护中心（深圳国家知识产权局专利代办处）◎组织编写
宋　洋◎主编

知识产权出版社
全国百佳图书出版单位
—北京—

图书在版编目（CIP）数据

深圳市重点产业专利分析报告. 2024 年/中国（深圳）知识产权保护中心（深圳国家知识产权局专利代办处）组织编写；宋洋主编. —北京：知识产权出版社，2025.1. —ISBN 978 - 7 - 5130 - 9813 - 7

Ⅰ. G306.72

中国国家版本馆 CIP 数据核字第 202520LF54 号

内容提要

本书围绕深圳"20+8"产业、电化学储能产业和低空经济产业开展分析，分别从全球、中国、深圳的专利基本情况出发，明确深圳在这些重点产业关键核心技术上的优劣势，对标优势地区，总结深圳在产业发展上存在的问题或可能面临的专利风险，提出未来发展路径。本书对于深圳培育和发展新质生产力、推动高质量发展具有重要参考意义，是深圳重点产业发展规划、政策制定或企业风险规避的必备工具书。

责任编辑：王瑞璞	责任校对：潘凤越
封面设计：杨杨工作室·张冀	责任印制：孙婷婷

深圳市重点产业专利分析报告（2024 年）

中国（深圳）知识产权保护中心（深圳国家知识产权局专利代办处）　组织编写

宋　洋　主编

出版发行	知识产权出版社有限责任公司	网　　址	http://www.ipph.cn
社　　址	北京市海淀区气象路 50 号院	邮　　编	100081
责编电话	010 - 82000860 转 8116	责编邮箱	wangruipu@cnipr.com
发行电话	010 - 82000860 转 8101/8102	发行传真	010 - 82000893/82005070/82000270
印　　刷	北京建宏印刷有限公司	经　　销	新华书店、各大网上书店及相关专业书店
开　　本	787mm×1092mm　1/16	印　　张	9.5
版　　次	2025 年 1 月第 1 版	印　　次	2025 年 1 月第 1 次印刷
字　　数	215 千字	定　　价	88.00 元

ISBN 978 - 7 - 5130 - 9813 - 7

出版权专有　侵权必究

如有印装质量问题，本社负责调换。

作者简介

宋 洋 中国（深圳）知识产权保护中心主任、中国民主建国会深圳市委员会常务委员、中国人民政治协商会议深圳市南山区委员会常务委员、中国民主建国会深圳市南山区总支部主任委员、深圳市先行示范区专家库专家、深圳市知识产权专家库专家。曾参与深圳市"十一五""十二五""十三五""十四五"知识产权发展规划制定和实施。推动深圳市知识产权"一站式"协同保护平台、国家海外知识产权纠纷应对指导中心深圳分中心、WIPO技术与创新支持中心（TISC）、国家级专利导航服务基地、黄金内湾涉外商业秘密保护基地等重要平台建设。2019年至今，主导完成《深圳经济特区建立40周年知识产权发展报告》《深圳高校/科研院所专利分析报告》《未来空间产业专利导航分析》等研究课题十余项，并在中国科技核心等来源期刊发表论文多篇。

前 言

2024年是中华人民共和国成立75周年,也是实现"十四五"规划目标任务的关键一年。这一年,党的二十届三中全会胜利召开,全会决定提出"建立高效的知识产权综合管理体制"等重大决策部署,为我国做好下一阶段知识产权工作指明了前进方向、提供了根本遵循。为深入贯彻落实党的二十大和二十届二中、三中全会精神,高标准建设国家知识产权强市建设示范城市和国家知识产权保护示范区,服务建立高效的知识产权综合管理体制,推动建立与科技创新相适应的知识产权工作体系,本书紧扣深圳重点产业发展需求,进行专利导航分析,为助力深圳培育壮大新质生产力、实现高水平科技自立自强提供有力支撑。

2022年6月,深圳市政府出台"20+8"产业集群政策,提出要发展以先进制造业为主体的二十大战略性新兴产业集群,前瞻布局八大未来产业,作为加快形成新质生产力的重要抓手;2023年,出台了电化学储能"20条",同年将低空经济写入政府工作报告,并发布全国首部低空经济产业发展法规;2024年3月,深圳市政府又进一步出台了"20+8"产业集群政策2.0版本,动态调整了集群门类,在战略性新兴产业集群中新增了低空经济与空天产业集群,将新材料产业集群调整为高性能材料产业集群,在未来产业中新增了前沿新材料产业。"20+8"产业、电化学储能产业、低空经济产业对深圳高质量发展的重要性可见一斑。

本书紧扣深圳产业发展重点，围绕"20+8"产业、电化学储能产业、低空经济产业三个主题，涵盖3份内容翔实、针对性强的专利导航类分析报告，通过集结成册、出版发行共享专利导航成果，为政府部门决策和创新主体发展提供参考，提升服务重点产业创新发展综合效能。其间，笔者查阅了大量的文献资料和相关数据，发放了调查问卷并走访了数十家重点企业，通过与行业专家和相关企业的充分交流，全方面了解相关产业的技术发展现状、上下游产业链情况、关键核心技术、专利布局和知识产权保护情况、市场竞争格局、未来发展方向、企业需求及政策、法律情况等，从而科学地确定研究内容，为专利导航工作的精准分析奠定了良好基础。

本书的顺利完成还得到了肖霄、张剑、邓爱科、李霄永、陈辉、祝铁军、胡晓珍、任倩倩、伏洪洋、温歆等同志的大力支持，也离不开社会各界的支持帮助，在此衷心感谢！由于专利文献的数据采集范围以及专利分析数据库和工具的限制，加之笔者能力水平和时间精力有限，因此本书的数据、结论和建议仅供社会各界借鉴研究。

宋 洋

2024 年 9 月

目 录

报告一 深圳"20+8"产业知识产权高质量发展报告（专利篇）／1
    一、深圳"20+8"产业专利整体情况——国内专利技术产出与
        产业创新齐头并进／1
    二、深圳"20+8"产业结构定位——优劣势技术产业并存、
        抢抓机遇促发展／3
    三、深圳"20+8"产业创新主体情况——多元化全面化发展模式初现端倪、
        企业呈现百花齐放／23
    四、深圳"20+8"产业高质量发展的知识产权建议／33

报告二 深圳市电化学储能产业关键材料专利技术和市场风险分析报告／38
    一、电化学储能锂离子电池五大关键材料专利分布情况／39
    二、重点市场专利风险评估及深圳风险抵御能力分析／47
    三、深圳电化学储能产业发展情况总结及知识产权建议／63

报告三 深圳市低空经济产业关键核心技术领域专利导航分析／66
    一、低空经济产业概述／66
    二、深圳低空经济产业发展定位／74
    三、深圳低空经济产业发展方向／81
    四、深圳低空经济产业发展路径规划／108

致 谢／119
附录1 申请人名称约定表／120
附录2 产业调查问卷／134
图索引／141
表索引／143

报告一　深圳"20+8"产业知识产权高质量发展报告（专利篇）

党的十八大以来，深圳加强科技创新聚集效应，一手抓战略性新兴产业的发展壮大，一手抓未来产业的前瞻培育，全力推进"20+8"产业集群落地生根，夯实深圳制造业"底盘"，推动经济高质量发展。随着2022年6月《关于发展壮大战略性新兴产业集群和培育发展未来产业的意见》的发布，深圳"20+8"产业集群发展走上快车道。据报道，2022年深圳规模以上工业总产值45 500.3亿元，连续四年稳居全国城市首位，全口径工业增加值11 357.1亿元，总量首次跃居全国城市第一，首次实现工业总产值、工业增加值全国"双第一"，成为名副其实的"中国工业第一城"；全市"20个产业集群"增加值攀上1.3万亿元台阶，占GDP比重达41.1%，同比增长6.9%，高于GDP增速3.6个百分点。[1] 然而，深圳"20+8"产业仍面临基础创新能力相对不足、企业关键核心技术积累不够、部分领域产业链条不完善等问题。

习近平总书记曾在不同场合多次强调知识产权对于科技发展的重要性，并提出"创新是引领发展的第一动力，保护知识产权就是保护创新"。事实上，深圳知识产权始终与科技创新同频共振，为高质量发展提供源源不断的动力。以发明专利为代表的知识产权，不仅是企业实现更大发展的重要支撑，而且正成为深圳"20+8"产业实现高质量发展的标配。

一、深圳"20+8"产业专利整体情况——国内专利技术产出与产业创新齐头并进

深圳"20+8"产业作为深圳经济高质量发展的生力军和科技创新的重要力量，其专利产出占深圳全产业的八成以上，数据量庞大；同时，"20+8"产业贡献的技术成果整体创造性水平较高。由此，本报告选取对创造性要求更高的发明专利维度对深圳"20+8"产业进行分析、呈现，专利数据来源为智慧芽、incoPat、HimmPat专利数据库，检索时间截至2023年7月底。

---

[1] 读创. 稳字当头 稳中求进！2022年深圳GDP 32 387.68亿元，同比增长3.3% [EB/OL]. (2023-01-28) [2024-11-06]. https://baijiahao.baidu.com/s?id=1756274626700074364&wfr=spider&for=pc.

（一）"20+8"产业整体创新活跃度高、发明专利增长态势明显

图1-1展示了深圳"20+8"产业从2013年到2023年[❶]的发明专利申请情况。2013~2023年，深圳"20+8"产业全球发明专利申请总量约80.0万件，其中国内发明专利申请总量约52.5万件，海外发明专利申请总量约27.5万件，平均增速达11.6%。由图1-1可见，深圳"20+8"产业的国内申请量涨势更为明显，占全球申请量比值从五成变为七成，海外申请量增速未能跟上国内申请，海外布局尚有较大发展空间。

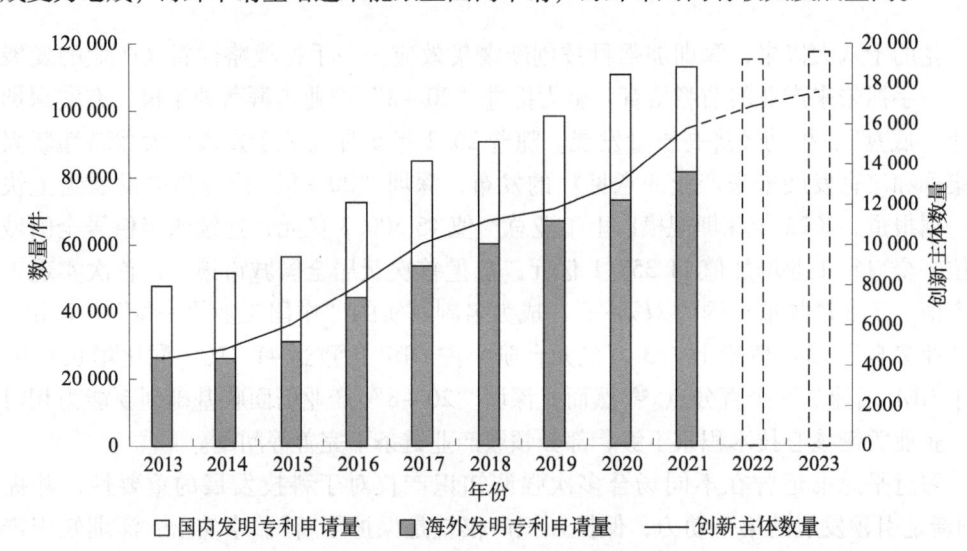

图1-1 深圳"20+8"产业发明专利申请趋势及创新主体2013~2023年分布

此外，通过图1-1可知，深圳2013~2023年涉足"20+8"产业的创新主体数量也呈逐年增长态势，且与全球发明专利申请量增长步调一致，反映出深圳"20+8"产业仍处于高速发展期。随着"20+8"产业整体政策与专项立法条例——《深圳经济特区战略性新兴产业和未来产业促进条例》（第一次公开征求意见稿），以及智能网联汽车、类脑科学（人工智能）、生物医药和医疗器械产业等具体产业发展措施的相继发布，标志着产业扶持由偏探索进入偏刚性要求。这势必推动深圳"20+8"产业进一步发展，后续必定会有大量创新主体进入"20+8"产业的技术研发。

（二）"20+8"产业专利储备较充足、有效发明专利占比高，海外布局仍有较大空间

截至检索日期，深圳在全球的有效发明专利拥有量已超过38.4万件，其中涉及"20+8"产业的有效发明专利量超过33.1万件，占比86.2%。如表1-1所示，深圳

[❶] 由于2022年和2023年部分发明专利还未公开，专利申请量数据不完整。图1-1中上述两年的数据使用预估值展示，本报告中其他申请量趋势类图表同样处理。

在国内的有效发明专利总量约为 25.3 万件,其中约 22.7 万件涉及"20+8"产业,接近深圳国内有效发明专利总量的九成;深圳在海外的有效发明专利总量超过 13.1 万件,其中超过 10.4 万件涉及"20+8"产业,约为深圳海外有效发明专利总量的八成。结合图 1-1 可知,深圳"20+8"产业有效发明专利拥有情况与申请情况一致,海外专利布局情况明显不如国内。

表 1-1 深圳"20+8"产业有效发明专利拥有情况

有效发明专利拥有情况	深圳总量	深圳"20+8"产业	深圳"20+8"产业占比(%)
国内有效发明专利量(件)	252 973	226 968	89.7
海外有效发明专利量(件)	131 155	104 414	79.6

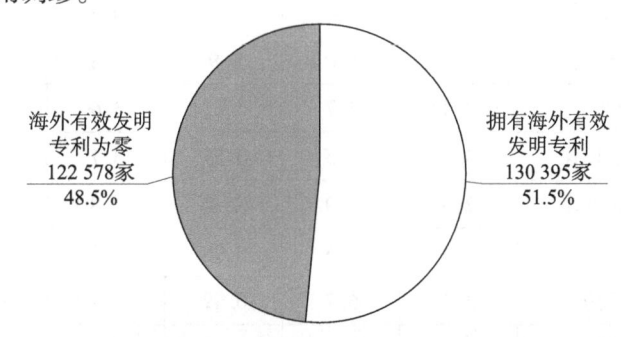

图 1-2 展示了深圳拥有"20+8"产业有效发明专利的创新主体情况。截至检索日期,深圳在国内拥有"20+8"产业有效发明专利的创新主体接近 25.3 万家,其中在海外拥有"20+8"产业有效发明专利的创新主体约为 13.0 万家,说明仍有接近半数的创新主体仅在国内拥有"20+8"产业的有效发明专利,在海外没有任何发明专利保护。值得指出的是,深圳是典型的外向型城市,各产业都存在较大的出海需求。据统计,深圳产业出海面临的知识产权纠纷越来越多,深圳企业在境外涉及知识产权纠纷案件的数量占全国数量的一半以上,因此,建议深圳"20+8"产业的海外布局力度进一步加强,未雨绸缪。

图 1-2 深圳拥有"20+8"产业有效发明专利的创新主体情况

二、深圳"20+8"产业结构定位——优劣势技术产业并存、抢抓机遇促发展

(一)"20+8"产业结构定位分析——五大产业具技术优势、八大产业专利技术产出不足、四大产业技术发展潜力大

专利区位熵,是指一个地区某产业专利量(申请量/有效量)在该地区整体专利量中的占比与全国该产业专利量在全国整体专利量的占比之间的比值,可以有效地反映

一个地区某产业的专利技术地位与全国该产业的专利技术地位的强弱之比。表1-2直接使用了区位熵的概念，来表征确定深圳"20+8"各产业的优劣势和强弱情况。

表1-2 "20+8"产业发明专利申请量和有效量的深圳占比、中国占比及区位熵情况

产业		申请量			有效量		
		在深圳占比（%）	在中国占比（%）	申请区位熵	在深圳占比（%）	在中国占比（%）	有效区位熵
新一代电子信息	网络与通信	13.9	3.6	3.88	20.4	5.5	3.74
	半导体与集成电路	1.5	1.4	1.12	1.7	2.6	0.68
	超高清视频显示	9.9	4.1	2.43	9.5	4.9	1.96
	智能终端	8.1	3.9	2.07	9.0	5.9	1.53
	智能传感器	2.3	2.5	0.93	1.9	2.6	0.74
数字与时尚	软件与信息服务	29.3	11.3	2.6	33.8	13.5	2.51
	数字创意	11.8	5.0	2.38	14.9	6.2	2.41
	现代时尚	1.1	1.7	0.67	0.7	1.0	0.63
高端制造装备	工业母机	0.4	1.1	0.33	0.3	1.0	0.31
	智能机器人	0.6	0.5	1.19	0.5	0.5	1.13
	激光与增材	0.3	0.4	0.72	0.3	0.4	0.57
	精密仪器设备	5.4	6.0	0.9	4.8	6.2	0.77
绿色低碳	新能源	3.4	4.7	0.73	3.6	5.1	0.7
	安全节能环保	4.2	7.5	0.55	3.7	6.7	0.54
	智能网联汽车	2.3	1.9	1.2	1.8	1.7	1.01
生物医药与健康	高端医疗器械	3.3	3.3	0.98	2.7	3.0	0.88
	生物医药	3.2	6.7	0.49	2.7	6.2	0.44
	大健康	1.8	3.2	0.55	1.1	2.4	0.47
	新材料	7.4	14.7	0.5	7.5	16.1	0.47
	海洋产业	0.5	1.3	0.39	0.5	1.4	0.32
未来产业	合成生物	3.0	3.4	0.87	2.1	3.7	0.56
	区块链	2.6	0.8	3.41	1.6	0.5	3.09
	细胞与基因	0.7	1.5	0.48	0.7	1.8	0.39
	空天技术	2.2	1.9	1.2	1.8	2.0	0.9
	脑科学与类脑智能	7.6	4.5	1.71	4.6	3.8	1.21
	深地深海	0.2	0.9	0.19	0.1	1.0	0.13
	可见光通信与光计算	0.4	0.2	2.49	0.6	0.2	2.45
	量子信息	0.1	0.1	0.93	0.1	0.2	0.66

由表1-2可以看出，深圳"20+8"产业整体上仍存在较大发展空间，有16个产业发明专利申请量优于或与全国整体水平基本齐平，其中11个产业属于二十大战略性新兴产业，5个产业属于八大未来产业。具体来看，网络与通信、软件与信息服务、数字创意、区块链和可见光通信与光计算5个产业，发明专利申请量和有效量的区位熵都较高，存量足、潜力大，产业优势明显，尤其是软件与信息服务和网络与通信2个产业，发明专利申请量分别占深圳全市发明专利申请总量的29.3%和13.9%，发明专利有效量占深圳全市发明专利有效量的比值更是高达33.8%和20.4%，反映出这2个产业在深圳"20+8"产业中的创新地位及重要性。而工业母机、安全节能环保、生物医药、大健康、新材料、海洋产业、细胞与基因和深地深海8个产业，则在专利技术创新强度上存在明显短板，发明专利申请量和有效量占深圳总量的比值相较于全国整体水平均明显不足，发明专利申请量和有效量的区位熵都很低，一定程度上反映出以上8个产业相较于全国整体创新水平尚且薄弱，产业专利布局力度亟待提升，可通过技术引进、政策扶持、快速审查等路径助力技术研发及成果确权。此外，值得注意的是，深圳在超高清视频显示、智能终端、脑科学与类脑智能3个产业，存在较好的发展预期，这些产业的发明专利申请量和有效量占比相较于全国整体水平也都比较突出，尤其超高清视频显示和智能终端2个产业，发明专利申请量和有效量占深圳全市的相应比值都在8.1%~9.9%，专利技术储备方面存在良好基础，一定程度上反映出这些产业发展前景可观、后劲十足。另外，在半导体与集成电路产业，虽然有效发明专利存量不如全国整体水平，但2013年以来该产业发明专利申请量占比高于全国整体水平，也具备较好的专利技术基础，并且深圳针对该产业已相继出台一系列利好政策，政府重大项目、资金、平台、政策、人才、产业园区等资源都存在一定倾斜。随着政府对半导体与集成电路产业的重视，以及深圳相关创新主体的持续发力，相信深圳在半导体与集成电路产业同样存在较大的发展潜力。

（二）"20+8"优劣势技术产业、潜力技术产业对比分析——积极发挥潜力优势、补齐短板弱项

1. 龙头企业贡献明显，优势产业专利数量领先全国

由前文可知，在"20+8"产业中，深圳在软件与信息服务、网络与通信、数字创意、区块链、可见光通信与光计算5个产业的专利技术积累，相较于我国其他城市具备明显的领先优势。图1-3和表1-3，分别展示了深圳在上述5个优势产业的发明专利有效量和单位创新主体发明专利申请量与北京和上海的对比情况。由图1-3和表1-3可知，深圳在上述5个优势产业的发明专利有效量和单位创新主体发明专利申请量皆超过北京和上海，也超过了国内其他重要城市。其中，深圳在软件与信息服务产业的发明专利有效量超过14.5万件，是上海的四倍；深圳在网络与通信产业的发明专利有效量约8.8万件，约是北京的两倍，是上海的六倍有余，且单位创新主体发明专利申请量分别是北京和上海的两倍和四倍有余；深圳在数字创意产业的发明专利有

效量也超过了 6.4 万件，约是上海的四倍；深圳在区块链和可见光通信与光计算产业，虽然发明专利有效量都不算高，分别为 7021 件和 2447 件，但明显多于北京和上海，其中在区块链产业的发明专利有效量是上海的五倍有余，在可见光通信与光计算产业的发明专利有效量约是上海的四倍。

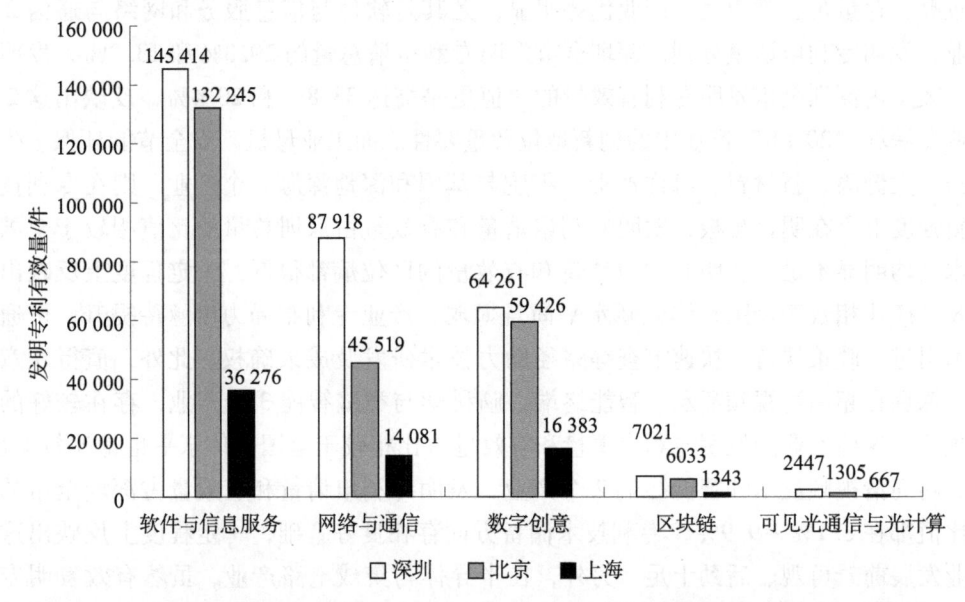

图 1-3 深圳与北京、上海在"20+8"的 5 个优势产业发明专利有效量的对比情况

表 1-3 深圳、北京、上海单位创新主体 2013~2023 年发明专利申请量　　单位：件

产业	深圳	北京	上海
软件与信息服务	22	17	9
网络与通信	25	12	6
数字创意	12	10	5
区块链	16	11	6
可见光通信与光计算	6	4	3

表 1-4 展示了深圳在 5 个优势产业前 20 位创新主体的发明专利有效量情况。如表 1-4 所示，深圳在 5 个优势产业的专利技术集中度均比较高，其中，在软件与信息服务和数字创意 2 个产业，前 20 位的深圳创新主体其有效发明专利数量之和，占到全市相应产业有效发明专利总量的七成左右，相应占比分别为 75.1% 和 69.1%；在网络与通信、区块链、可见光通信与光计算 3 个产业，前 20 位的深圳创新主体其有效发明专利数量之和，更是占到全市相应产业有效发明专利总量的八成左右，相应占比分别为 86.4%、85.4% 和 79.4%。

表1-4 深圳在5个优势产业发明专利有效量排名前20位的创新主体情况

产业	有效发明专利总量（件）	前20位创新主体数量之和（件）	前20位创新主体数量占比（%）
软件与信息服务	145 414	109 274	75.1
网络与通信	87 918	75 975	86.4
数字创意	64 261	44 380	69.1
区块链	7021	5996	85.4
可见光通信与光计算	2447	1943	79.4

图1-4的(a)~(e)分别示出了深圳在上述5个优势产业发明专利有效量排名前20位的创新主体情况。由图1-4可知，龙头企业对于各优势产业的专利技术贡献度极为突出，尤其是华为技术有限公司，在软件与信息服务、网络与通信、数字创意及可见光通信与光计算4个优势产业的发明专利有效量排名中，均占据榜首，且发明专利有效量远超第二名；其中，在软件与信息服务、网络与通信及可见光通信与光计算3个产业，其单一主体的发明专利有效量更是都超过第二名至第20名创新主体的发明专利有效量之和，专利技术实力处于独一档；此外，华为技术有限公司在深圳区块链产业的发明专利有效量排名中，也排名靠前，名列第三。除了华为技术有限公司，腾讯科技（深圳）有限公司的表现也极为突出，在深圳区块链产业发明专利有效量排名中，以绝对优势名列第一，而且其在该产业的发明专利有效量同样超过第二名至第20名创新主体的发明专利有效量之和；除了在区块链产业表现突出外，腾讯科技（深圳）有限公司在深圳软件与信息服务、网络与通信和数字创意3个产业的发明专利有效量排名中，均名列前三，其中，在软件与信息服务和数字创意2个产业，其单一主体的发明专利有效量均超过第四名至第20名创新主体的发明专利有效量之和，专利技术实力同样雄劲。除了表现优异的华为技术有限公司和腾讯科技（深圳）有限公司，中兴通讯股份有限公司的专利技术实力也不容小觑，该公司在深圳软件与信息服务、网络与通信、数字创意及可见光通信与光计算4个产业的发明专利有效量排名中，均名列前三，其中在网络与通信产业，其单一主体的发明专利有效量超过第三名至第20名创新主体的发明专利有效量之和，专利技术实力不凡。

2. 取长补短学习优势经验，潜力技术产业有望乘势而上

由表1-2可知，在超高清视频显示、智能终端、脑科学与类脑智能3个产业，深圳的专利技术积累与专利技术潜力较大程度上优于全国整体水平，发展前景可观。此外，在半导体与集成电路产业，虽然深圳的发明专利有效量不如全国整体水平，但该产业在2013~2023年的发明专利申请量占比高于全国整体水平，也具备较好的专利技术基础。

(a) 软件与信息服务

专利权人	申请量/件
华为技术有限公司	57 456
腾讯科技(深圳)有限公司	19 697
中兴通讯股份有限公司	14 783
平安科技(深圳)有限公司	2456
荣耀终端有限公司	2355
努比亚技术有限公司	1780
宇龙计算机通信科技(深圳)有限公司	1660
华为微端有限公司	1123
华为云计算技术有限公司	840
深圳市汇顶科技股份有限公司	833
超聚变数字技术有限公司	799
深圳市大疆创新科技有限公司	713
深圳大学	683
腾讯云计算(北京)有限责任公司	660
深圳创维RGB电子有限公司	604
业成光电	601
英特盛科技股份有限公司	563
深圳市腾讯计算机系统有限公司	561
深圳TCL新技术有限公司	559
深圳市中兴微电子技术有限公司	548

(b) 网络与通信

专利权人	申请量/件
华为技术有限公司	51 160
中兴通讯股份有限公司	14 041
腾讯科技(深圳)有限公司	4154
荣耀终端有限公司	1356
超聚变数字技术有限公司	657
华为终端有限公司	644
宇龙计算机通信科技(深圳)有限公司	638
深圳市中兴微电子技术有限公司	622
平安科技(深圳)有限公司	491
海能达通信股份有限公司	318
努比亚技术有限公司	309
华为云计算技术有限公司	289
深信服科技股份有限公司	240
全球创新聚合有限责任公司	222
深圳市共进电子股份有限公司	160
深圳市汇顶科技股份有限公司	150
深圳大学	142
深圳市腾讯计算机系统有限公司	138
国民技术股份有限公司	125
深圳壹账通智能科技有限公司	119

(c) 数字创意

专利权人	申请量/件
华为技术有限公司	17 315
腾讯科技(深圳)有限公司	13 302
中兴通讯股份有限公司	4561
平安科技(深圳)有限公司	1070
深圳市大疆创新科技有限公司	919
努比亚技术有限公司	781
荣耀终端有限公司	715
深圳创维RGB电子有限公司	620
华为终端有限公司	610
华为云计算技术有限公司	531
深信服科技股份有限公司	523
深圳TCL新技术有限公司	516
腾讯云计算(北京)有限责任公司	492
宇龙计算机通信科技(深圳)有限公司	465
深圳市腾讯计算机系统有限公司	374
深圳TCL数字技术有限公司	335
深圳大学	334
TCL华星光电技术有限公司	322
深圳壹账通智能科技有限公司	316
康佳集团股份有限公司	279

(d) 区块链

专利权人	申请量/件
腾讯科技(深圳)有限公司	3786
平安科技(深圳)有限公司	589
华为技术有限公司	236
深圳前海微众银行股份有限公司	231
深圳壹账通智能科技有限公司	196
平安国际智慧城市科技股份有限公司	139
深圳市网心科技有限公司	103
中国平安财产保险股份有限公司	88
平安普惠企业管理有限公司	82
众安信息技术服务有限公司	71
深圳思谋信息科技有限公司	64
深圳市迅雷网络技术有限公司	59
深圳市元征科技股份有限公司	58
中国平安人寿保险股份有限公司	53
达闼机器人有限公司	45
本无链科技有限公司	43
平安银行股份有限公司	43
深圳大学	39
腾讯云计算(北京)有限责任公司	38
深圳赛安特技术服务有限公司	33

(e) 可见光通信与光计算

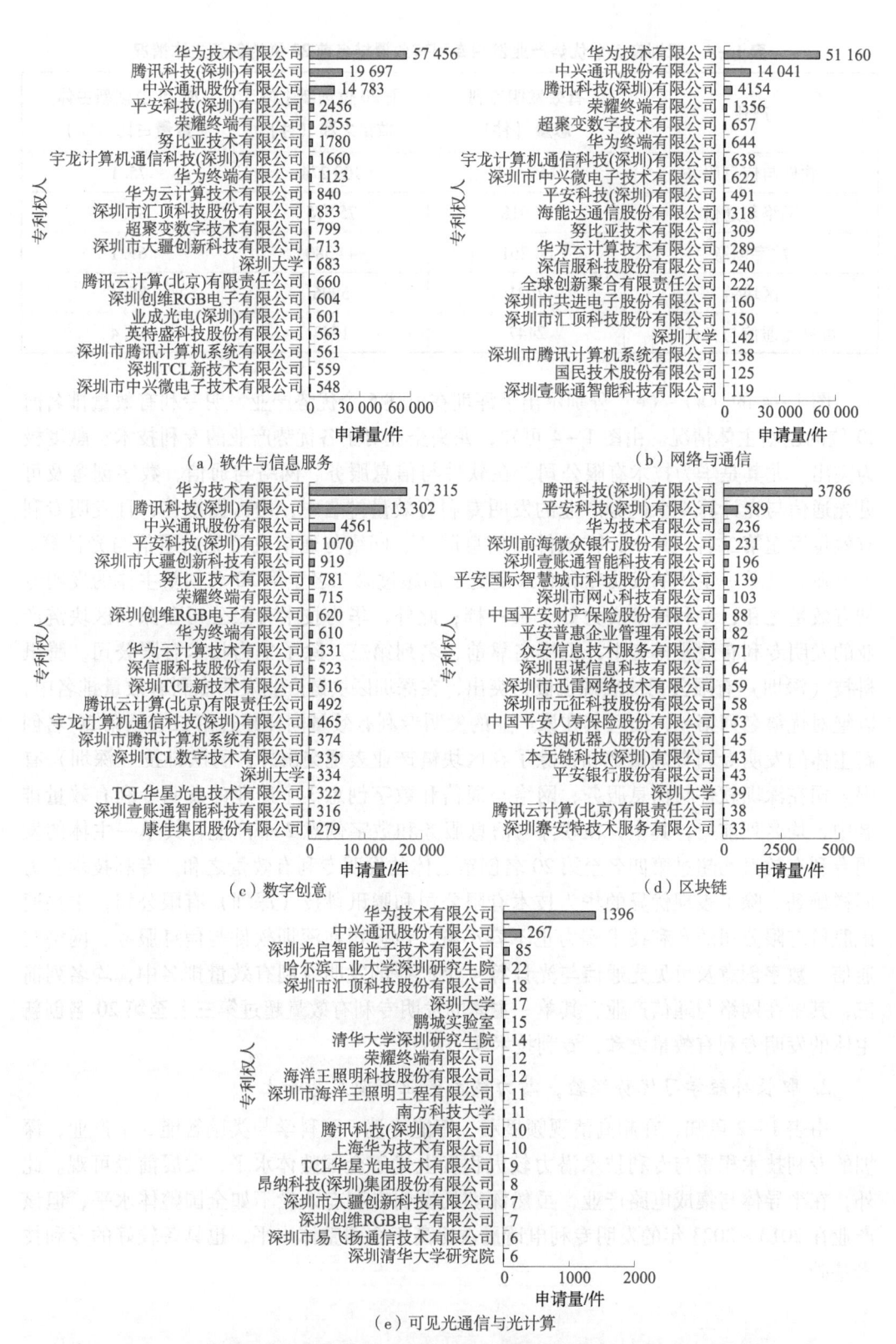

专利权人	申请量/件
华为技术有限公司	1396
中兴通讯股份有限公司	267
深圳光启智能光子技术有限公司	85
哈尔滨工业大学深圳研究生院	22
深圳市汇顶科技股份有限公司	18
深圳大学	17
鹏城实验室	15
清华大学深圳研究生院	14
荣耀终端有限公司	12
海洋王照明科技股份有限公司	12
深圳市海洋王照明工程有限公司	11
南方科技大学	11
腾讯科技(深圳)有限公司	10
上海华为技术有限公司	10
TCL华星光电技术有限公司	9
昂纳科技(深圳)集团股份有限公司	8
深圳市大疆创新科技有限公司	7
深圳创维RGB电子有限公司	7
深圳市易飞扬通信技术有限公司	6
深圳清华大学研究院	6

图1-4 深圳在5个优势产业的发明专利有效量排名前20位的创新主体情况

(1) 政策扶持促进超高清视频显示产业高质量发展

表1-5展示了在超高清视频显示产业方面深圳和北京及其龙头企业的发明专利情况。如表1-5所示，在超高清视频显示产业，深圳的全球发明专利申请量和全球发明专利有效量均较多，其中2013~2023年的全球发明专利申请量超过10.6万件，全球发明专利有效量超过4.1万件，但与北京相比还存在一定差距，北京相应数据分别约为13.2万件和5.5万件。

表1-5 深圳和北京在超高清视频显示产业的龙头企业发明专利对比情况

城市/企业	全球发明专利申请量情况（2013~2023年）		全球发明专利有效量情况	
	数量（件）	占全市总量比（%）	数量（件）	占全市总量比（%）
北京	131 573	100.0	54 954	100.0
京东方科技集团股份有限公司	55 549	42.2	27 563	50.2
深圳	106 361	100.0	41 036	100.0
华星光电	20 107	18.9	9309	22.7

注：华星光电指TCL华星光电技术有限公司，及其重点关联公司深圳市华星光电半导体显示技术有限公司。

京东方科技集团股份有限公司和TCL华星光电技术有限公司，分别作为北京和深圳在超高清视频显示产业的龙头企业，两者在该产业的专利技术创新实力，对于各自城市发展超高清视频显示产业极为关键。如表1-5所示，京东方科技集团股份有限公司单一主体，围绕超高清视频显示产业，在2013~2023年的全球发明专利申请量达55 549件，全球发明专利有效量为27 563件，分别占北京地区相应总量的42.2%和50.2%；而TCL华星光电技术有限公司及其重点关联公司深圳市华星光电半导体显示技术有限公司两家企业主体，围绕超高清视频显示产业，在2013~2023年的全球发明专利申请量之和为20 107件，全球发明专利有效量之和为9309件，分别占深圳地区相应总量的18.9%和22.7%。毋庸置疑，在超高清视频显示产业，龙头企业对于当地产业高质量发展发挥着举足轻重的带动作用，而龙头企业的发展离不开当地政府的扶持。正如京东方科技集团股份有限公司董事长王东升所说，"如果没有政府支持，单个企业根本没有能力和勇气去闯"。据悉，京东方科技集团股份有限公司从1998年宣布进入面板市场，到2012年曾有过长达14年的亏损状态，在此期间，各级政府以不同方式对京东方科技集团股份有限公司进行扶持，据不完全统计，政府对于该公司的投资额高达3062亿元。与此同时，政府与京东方科技集团股份有限公司签署合作协议，订立项目贡献目标，监督项目进度安排，落实履约监管责任，并且特别注重配套发展数字显示上下游产业，形成协同创新的产业链，从而增强相应产业的原始创新能力。正是在政府的大力扶持下，京东方科技集团股份有限公司实现了在产业规模、技术、体验方面引领行业发展，并最终反哺带动北京超高清视频显示产业的高速发展的良好局面。深圳对于龙头企业的扶持可以借鉴北京的做法，走出一条深圳特区之路。

（2）科研机构高标准带动智能终端、脑科学与类脑智能产业技术产出

表1-6展示了智能终端、脑科学与类脑智能2个产业的全球发明专利申请情况。如表1-6所示，在智能终端、脑科学与类脑智能2个产业，深圳的全球专利布局都较多，其中2013~2023年的全球发明专利申请量均超过8万件，分别约为8.7万件和8.2万件；北京在智能终端产业的全球专利布局量比深圳稍高，2013~2023年的全球发明专利申请量超过9.3万件；而在脑科学与类脑智能产业，北京2013~2023年的全球发明专利申请量超过14.0万件，远高于深圳。这一定程度上反映出深圳在智能终端、脑科学与类脑智能2个产业虽然具有较好基础，但与北京相比仍然存在一定差距。

表1-6 智能终端、脑科学与类脑智能产业全球发明专利申请情况

类型	智能终端 深圳	智能终端 北京	脑科学与类脑智能 深圳	脑科学与类脑智能 北京
2013~2023年发明专利申请量（件）	86 706	93 165	81 816	140 146
创新主体数量（家）	7307	9233	5735	10 905
单位创新主体发明专利申请量（件）	12	10	14	13
前20位创新主体发明专利申请量（件）	51 359	42 096	52 042	54 583
前20位创新主体发明专利申请量占比（%）	59.2	45.2	63.6	39.0
高校/科研院所发明专利申请量占比（%）	4.8	26.5	14.0	33.3

不过，值得指出的是，在智能终端、脑科学与类脑智能2个产业，深圳拥有发明专利申请的创新主体数量分别为7307家和5735家，明显少于北京的9233家和10 905家，但深圳单位创新主体发明专利申请量均高于北京，并且排名前20位创新主体的发明专利申请量之和相应占上述2个产业深圳总量的比值分别为59.2%和63.6%，较大程度高于北京相应占比，其比值分别为45.2%和39.0%，尤其是智能终端产业，深圳排名前20位创新主体的发明专利申请量之和超过北京相应数值。

众所周知，企业和高校/科研院所构成了创新主体的主力，而深圳的高校/科研院所资源相对于北京较为匮乏。图1-5（a）~（d）分别展示了深圳和北京在智能终端、脑科学与类脑智能2个产业，全球发明专利申请量排名前20位的创新主体情况。由图1-5明显可以发现，在上述2个产业，深圳头部创新主体几乎都是企业，而北京发明专利申请量排名前20位的创新主体中存在不少高校/科研院所，尤其在脑科学与类脑智能产业，发明专利申请量排名前10位的创新主体中，有一半为高校主体。结合表1-6，经过对比分析深圳和北京在智能终端、脑科学与类脑智能2个产业各自高校/科研院所群体的专利技术贡献程度可知，造成深圳与北京差距的原因，可能与该两个城市高校/科研院所群体的专利技术创新实力有关。如表1-6所示，北京的高校/科研院所群体在智能终端、脑科学与类脑智能2个产业的发明专利申请量占比分别为

图 1-5 深圳和北京在智能终端、脑科学与类脑智能 2 个产业全球发明专利申请量排名前 20 位的创新主体情况

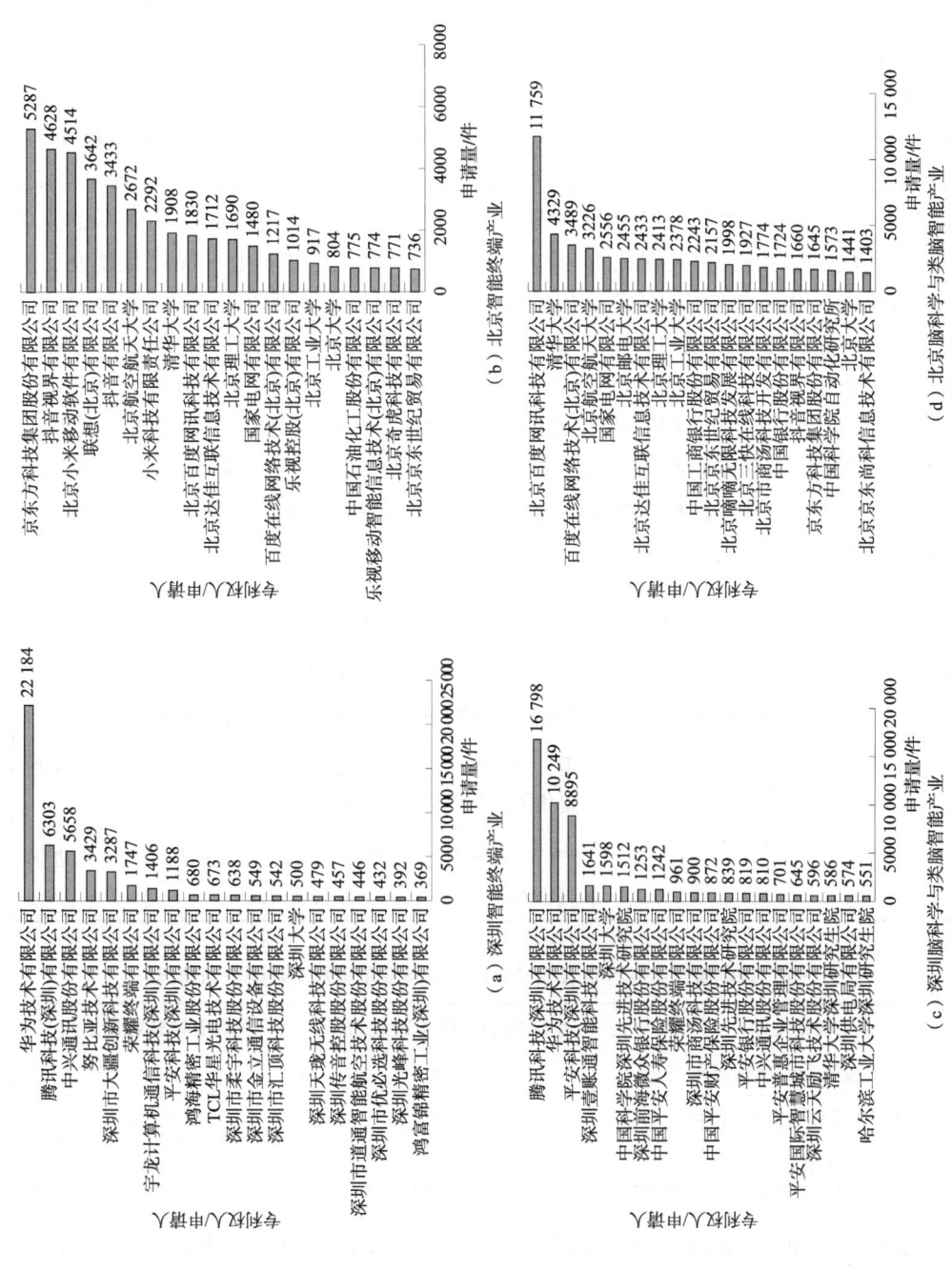

26.5%和33.3%，而深圳的相应比值分别仅为4.8%和14.0%。综上所述，在智能终端和脑科学与类脑智能2个产业，深圳头部企业具备较充足的专利技术创造活力和较好的创新实力，造成深圳与北京差距的原因之一，正是高校/科研院所群体。

除了前述高校/科研院所数量悬殊外，造成深圳与北京差距的另一个原因，可能是新生力量企业的专利技术产出水平未能跟上自身发展步伐。制造业单项冠军是指长期专注于制造业某些细分产品市场，生产技术或工艺国际领先，单项产品市场占有率位居全球或国内前列的企业，代表全球制造业细分领域最高发展水平、最强市场实力。其遴选条件可归纳总结为市场份额全球领先、持续创新能力强和质量效益高三方面，具体如表1-7所示。然而，以智能终端产业为例，在省、市制造业单项冠军企业名单❶中，涉及智能终端及相关领域的深圳企业总共19家，这些企业产品质量精良、参数性能指标处于国际先进国内领先，但发明专利产出情况并不理想。表1-8展示了深圳智能终端产业及相关领域的制造业单项冠军发明专利情况。如表1-8所示，上述19家制造业单项冠军的全球发明专利申请量之和仅为2188件，发明专利有效量之和更是仅有667件，这些企业的全球发明专利申请量之和不到深圳智能终端产业排名前20位创新主体的5%，发明专利有效量之和更是不到深圳智能终端产业排名前20位创新主体的3%；并且仅7家企业的全球发明专利申请量超过百件，甚至只有1家企业的有效发明专利拥有量超过百件。

表1-7 制造业单项冠军遴选条件

编号	筛选指标	筛选条件
1	市场份额全球领先	产品市场占有率位居全国前三位或者全球前五位
2	持续创新能力强	重视研发投入，拥有核心自主知识产权，主导或参与制定相关细分产品制造领域技术标准
3	质量效益高	产品质量精良，关键技术参数性能指标处于国际先进国内领先经营业绩优秀，盈利能力强

表1-8 深圳智能终端产业及相关领域的制造业单项冠军发明专利情况

创新主体	全球发明专利申请量之和	发明专利有效量之和
19家省市级制造业单项冠军（件）	2188	667
前20位创新主体（件）	51 359	25 156
比值（%）	4.3	2.7

根据前文可知，正是高校/科研院所的专利技术贡献以及地区产业集群效应的共同作用，促进了北京相应产业的技术发展。深圳应当积极引导拥有技术实力的中小规模

---

❶ 制造业单项冠军企业名单来源：工业和信息化部、广东省工业和信息化厅、深圳市工业和信息化局。

科技企业和当地高校/科研院所，大力推进发明专利获权工作，从而高质量助力深圳智能终端、脑科学与类脑智能产业的长远发展。

(3) 半导体与集成电路产业稳步发展初见成效

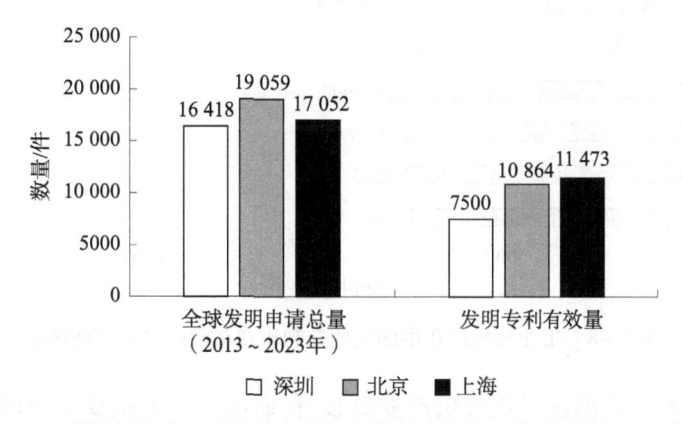

图1-6展示了深圳与北京、上海在半导体与集成电路产业的发明专利对比情况。如图1-6所示，在半导体与集成电路产业，北京和上海的发明专利有效量均在1.1万件左右，而深圳仅7500件，发明专利有效量分别是北京和上海的69.0%和65.4%，可见，深圳在该产业的发明专利储备与北京和上海尚存在一定差距。但值得指出的是，深圳在半导体与集成电路产业的发明专利申请量，与北京和上海的相对差距较小。截至检索日期，北京和上海在该产业的发明专利申请量分别为1.9万件和1.7万件，而深圳在该产业的发明专利申请量也超过了1.6万件，分别是北京和上海的86.1%和96.3%，可见，随着在该产业的后程发力，深圳在半导体与集成电路产业在发明专利申请量上隐约呈现赶超迹象。在全国"缺芯"大背景下，深圳大力发展半导体与集成电路产业，相继出台了一系列利好政策，发布了该产业集群行动计划，市政府重大项目往该产业倾斜，从资金、平台、政策、人才、产业园区等多方面扶持产业发展，海思芯片一度引发热议。深圳在集成电路设计方向已汇集了华为、中兴和汇顶科技等一批优秀企业，在存储器、通用处理器、多媒体等领域的专利技术储备较多。随着互联网技术、5G通信以及传感器技术的发展，上述领域将具有越发良好的发展前景。深圳可以继续沿着当前规划路径发展半导体与集成电路产业，该产业前景可观。但需要提醒的是，该产业作为知识产权纠纷高发领域，从汇顶科技与瑞典指纹卡有限公司、我国台湾神盾股份有限公司之间的多起专利纠纷，到上海晶丰明源半导体股份有限公司在科创板上市前却被矽力杰半导体技术（杭州）有限公司起诉侵犯专利权，再到我国台湾积体电路制造股份有限公司与美国格芯半导体有限公司之间互诉专利侵权，据不完全统计，专利诉讼早已超过660件，产业专利风险高。深圳在发展半导体与集成电路产业时应当尤为关注对专利侵权风险的规避。

图1-6 深圳与北京、上海在半导体与集成电路产业的发明专利对比情况

3. 学会弯道超车，薄弱技术产业也有发展未来

由表1-2可知，在工业母机、安全节能环保、生物医药、大健康、新材料、海洋

产业、细胞与基因和深地深海 8 个产业，发明专利申请量和有效量占深圳总量的比值相较于全国整体水平均明显不足，专利布局力度及专利技术创新水平均亟待提升。

（1）工业母机产业原始专利积累不足

工业母机即"机床"，是制造机器的机器，没有工业母机，航空航天、导弹、高端装备都生产不了，因此被称为制造业的"心脏"，是体现地区制造业综合实力的重要基础性产业。

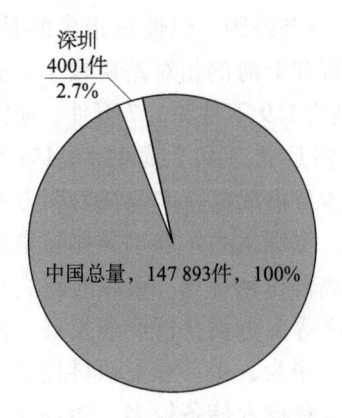

图 1-7 展示了深圳在中国工业母机产业全球发明专利申请量占比情况。如图 1-7 所示，2013~2023 年，我国在工业母机产业的全球发明专利申请量约为 14.8 万件，然而深圳在该产业的全球发明专利申请量仅 4001 件，不到我国的 3%，反映出深圳在工业母机产业的专利技术基础薄弱，原始专利积累不足。

图 1-8 展示了在工业母机产业中国发明专利申请量的国内城市排名情况。如图 1-8 所示，2013~2023 年，在工业母机产业，中国发明专利申请量超过 3000 件的国内城市共 10 个，其中江浙沪地区的城市占据 7 席，说明江浙沪地区在工业母机产业拥有较多专利技术储备，而且苏州、上海和无锡依次位列该产业中国发明专利申请量国内城市排名的前三位。

图 1-7 深圳在中国工业母机产业全球发明专利申请量占比情况

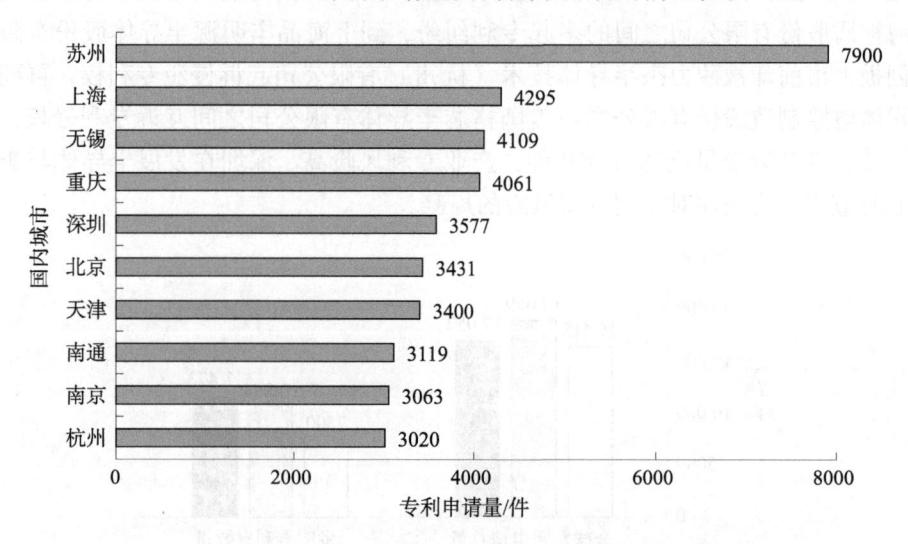

国内城市	专利申请量/件
苏州	7900
上海	4295
无锡	4109
重庆	4061
深圳	3577
北京	3431
天津	3400
南通	3119
南京	3063
杭州	3020

图 1-8 工业母机产业中国发明专利申请量国内城市排名情况

表 1-9 展示了我国在工业母机产业高校/科研院所中的重要发明团队及其专利技术产出情况。根据专利检索结果，在工业母机产业发明专利申请量排名前十的中国创新主体中，有 7 家是高校/科研院所主体。鉴于深圳正在大力发展工业母机产业，该产业规模也保持较快增长，并且该产业对于地区制造业综合实力的重要性，建议深圳及

时做好该产业的原始专利积累，具体可以优先与表1-9中所示的5家高校/科研院所的6个科研团队展开合作，从而快速夯实技术基础。

表1-9 我国工业母机领域高校/科研院所中的重要发明团队及其专利技术产出情况

编号	发明团队	所属高校/科研院所	产出的有效发明专利量（件）	技术优势领域
1	康仁科、董志刚、朱祥龙团队	大连理工大学	154	金属切削
2	路新春、潘国顺、王同庆团队	清华大学-深圳清华大学研究院	136	抛光设备
3	吕冰海、袁巨龙团队	浙江工业大学	135	抛光、磨削、加压超精加工
4	文东辉团队		105	研磨装置
5	赵升吨团队	西安交通大学	112	锻造机
6	郭隐彪团队	厦门大学	80	光学元件加工

（2）安全节能环保产业技术差距逐年拉大

深圳作为全国首批低碳试点城市，正在大力探索具有深圳特色的"近零碳"建设路径，以期引领全国大中型城市绿色转型。安全节能环保产业是为安全生产、防灾减灾、应急救援、能源节约利用、循环经济发展、生态环境保护提供物质基础和技术保障的产业。在安全节能环保产业，北京发明专利技术的积累独成一档，2013~2023年，其全球发明专利申请量超过10.9万件，发明专利有效量接近4.5万件；而深圳相应数据与北京差距较大，在该产业的全球发明专利申请量不到北京的一半，约为5.3万件，发明专利有效量仅为北京的1/3，约为1.6万件。图1-9同时展示了深圳和北京于2013~2023年在安全节能环保产业的全球发明专利申请趋势。如图1-9所示，深圳在安全节能环保产业与北京的差距存在逐年拉大的态势。

图1-10展示了北京在安全节能环保产业全球发明专利中的合作申请情况；图1-11展示了北京在安全节能环保产业企业参与合作申请的情况。如图1-10和图1-11所示，北京在上述产业的全球有效发明专利中，合作申请量约为1.2万件，即接近三成来自合作申请且在合作申请中，以企业与企业、企业与高校/科研院所等企业参与的协同创新为绝大多数，约占北京该产业合作申请总量的93.7%。深圳在该产业的全球有效发明专利中，合作申请量仅1463件，不到深圳相应总量的10.0%；而实际上，深圳在该产业的技术创新，90.0%以上由企业主体产出，可见深圳的企业主体具有很好的自主及独立创新基础，如果能借鉴北京在该产业的企业协同创新模式，激活企业合作申请意愿，势必能整体提升深圳在安全节能环保产业的创新活力。

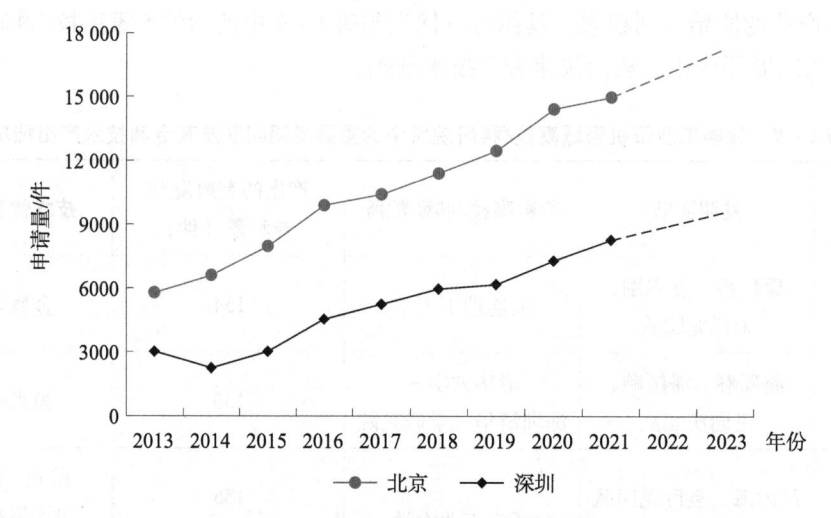

图1-9 深圳和北京在安全节能环保产业全球发明专利申请趋势

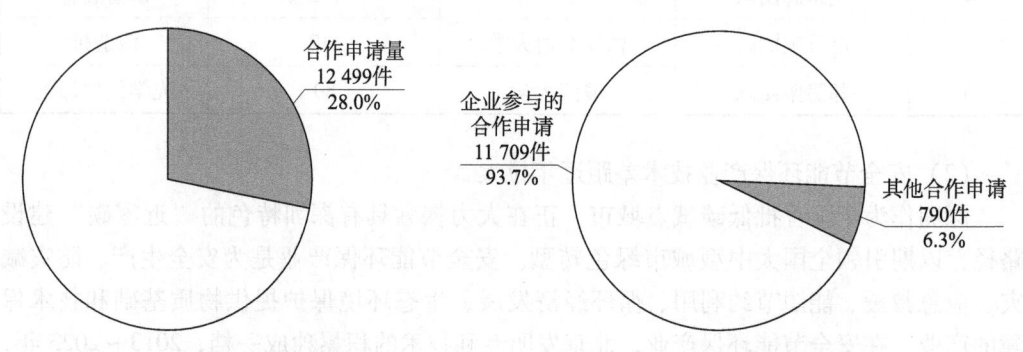

图1-10 北京在安全节能环保产业全球发明专利中的合作申请情况

图1-11 北京在安全节能环保产业企业参与合作申请的情况

（3）挖掘香港力量增强生物医药、细胞与基因产业实力

围绕生物医药以及细胞与基因产业的研究工作，尤其是针对新药的研发一直是全球医药行业的研究重心，对人类健康和生命安全有着重大意义。在生物医药和细胞与基因2个产业，高校/科研院所是专利技术产出的重要源头之一，我国发明专利申请量和发明专利授权量排名前十的创新主体皆为高校，因此起步较早、高校林立的北京和上海一直稳居生物医药和细胞与基因2个产业的第一梯队。2013~2023年，北京和上海在生物医药产业的全球发明专利申请量分别为7.2万件和6.9万件，在细胞与基因产业的全球发明专利申请量分别约为2.6万件和1.9万件。而深圳在生物医药产业的全球发明专利申请量约为3.5万件，分别是北京和上海的48.0%和50.7%；在细胞与基因产业，深圳与北京和上海的差距则更甚，其全球发明专利申请量仅7643件，分别是北京和上海的29.6%和39.3%。

图1-12和图1-13分别展示了深圳、北京和上海在生物医药、细胞与基因2个产

业，高校/科研院所、企业和个人三类创新主体的全球发明专利申请量对比情况。❶ 如图 1-12 和图 1-13 所示，2013~2023 年，在生物医药和细胞与基因 2 个产业，高校/科研院所群体对于北京和上海的专利技术贡献度突出，其中北京的高校/科研院所群体在上述 2 个产业的全球发明专利申请量占北京相应总量的比值分别达到 46.1% 和 58.6%，上海的相应占比也均在四成左右。深圳的发明专利申请则主要来自企业主体，分别占深圳生物医药、细胞与基因 2 个产业全球发明专利申请总量的 71.6% 和 64.9%，而高校/科研院所群体在上述 2 个产业的相应比值分别为 23.7% 和 38.1%。其中，深圳的高校/科研院所群体在生物医药产业的全球发明专利申请量为 8208 件，分别是北京和上海高校/科研院所群体相应数量的 24.6% 和 32.7%；在细胞与基因产业的全球发明专利申请量为 2913 件，分别是北京和上海高校/科研院所群体相应数量的 19.3% 和 35.9%。

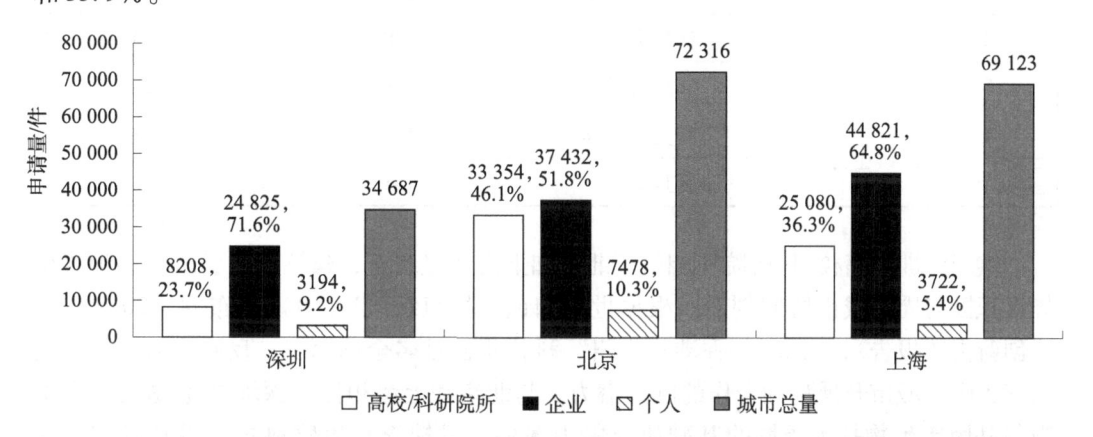

图 1-12 生物医药产业高校/科研院所、企业和个人的全球发明专利申请量对比情况

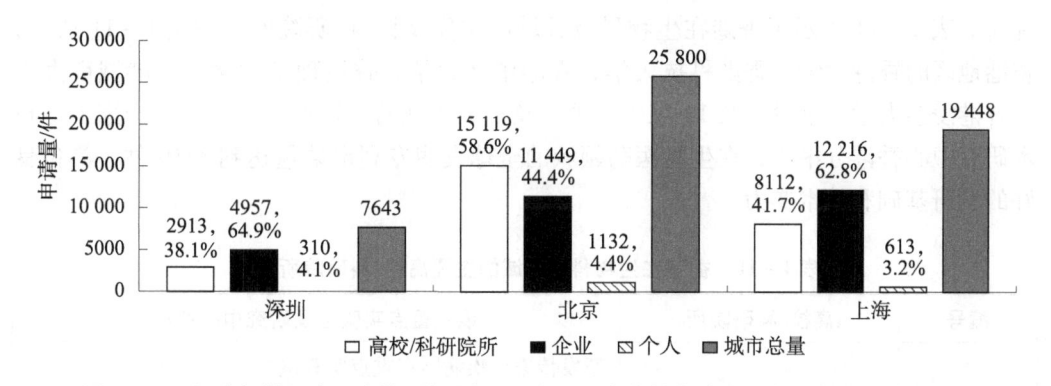

图 1-13 细胞与基因产业高校/科研院所、企业和个人的全球发明专利申请量对比情况

如前文所述，深圳在生物医药、细胞与基因 2 个产业，与北京、上海差距明显，全球发明专利申请量在国内城市中排名分别为第六位和第七位，而对于上述 2 个产业，

---

❶ 由于存在合作申请，图 1-12 和图 1-13 所示的高校/科研院所、企业和个人三类创新主体的全球发明专利申请量之和大于各城市相应总量，属于正常情况。

高校/科研院所是主要创新源头之一。表1-10展示了北京和上海在生物医药产业的主要高校/科研院所情况。如表1-10所示，2013~2023年，中国农业大学、清华大学和北京大学在生物医药产业的全球发明专利申请量分别为1858件、1700件和1386件，分别占北京该产业全球发明专利申请总量的2.6%、2.4%和1.9%；上海交通大学和复旦大学在生物医药产业的全球发明专利申请量分别为1947件和1913件，分别占上海该产业全球发明专利申请总量的2.8%和2.8%。

表1-10 北京和上海在生物医药产业的主要高校/科研院所情况

编号	城市	高校/科研院所	全球发明专利申请量（件）	占全市总量比（%）
1	北京	中国农业大学	1858	2.6
2	北京	清华大学	1700	2.4
3	北京	北京大学	1386	1.9
4	上海	上海交通大学	1947	2.8
5	上海	复旦大学	1913	2.8

鉴于深圳的高校/科研院所相较于北京和上海明显匮乏，建议可以尝试借助地缘优势，积极与周边城市协同创新。根据世界知识产权组织（WIPO）发布的《2022年全球创新指数报告》，"深圳—香港—广州"科技集群排名全球第二，反映出粤港澳大湾区三大中心城市开展科创合作的巨大潜力。与北京和上海相比，深圳在生物医药和细胞与基因等生物技术领域的基础研究能力薄弱，且缺乏在生物科技领域技术实力强劲的高校/科研院所；然而，与深圳毗邻的香港，拥有不少该领域的优质高校/科研院所。表1-11展示了香港在生物科技领域的主要高校/科研院所。如表1-11所示，香港地区的香港大学、香港科技大学、香港中文大学、香港理工大学、香港城市大学和香港浸会大学，已设立共13家生物医药及相关领域的国家重点实验室或国家工程技术研究中心香港分中心，在生物医药领域的全球发明专利申请量达到3810件，具备良好的科研基础和技术实力。

表1-11 香港在生物科技领域的主要高校/科研院所情况

编号	高校/科研院所	设立重点实验室及研究中心情况
1	香港大学	新发传染性疾病国家重点实验室
2	香港大学	脑认知与脑科学国家重点实验室
3	香港大学	肝病研究国家重点实验室
4	香港大学	生物医药技术国家重点实验室

续表

编号	高校/科研院所	设立重点实验室及研究中心情况
5	香港中文大学	转化肿瘤学国家重点实验室
6		农业生物技术国家重点实验室
7		药用植物应用国家重点实验室
8		消化疾病研究国家重点实验室
9	香港城市大学	化学生物学及药物研发国家重点实验室
10	香港科技大学	分子神经科学国家重点实验室
11		国家人体组织功能重建工程技术研究中心香港分中心
12	香港理工大学	海洋污染国家重点实验室
13	香港浸会大学	环境与生物分析国家重点实验

上述6所香港地区的高校/科研院所均已在深圳设立科研机构，表1-12展示了上述6所香港高校/科研院所设立的深圳科研机构在生物医药产业的发明专利申请情况。如表1-12所示，截至检索日期，这些科研机构自2002年提交首件药品类发明专利申请以来，在生物医药产业提交的全球发明专利申请量仅254件，不到深圳在该产业全球发明专利申请总量的1.0%；在细胞与基因产业，相应占比则更低。建议深圳进一步激活所引进的香港高校/科研院所在生物医药和细胞与基因领域的创新动力，助力相关产业快速、高质量发展。

表1-12 香港设立的深圳科研机构在生物医药产业的发明专利申请情况　　单位：件

编号	香港—深圳科研机构	全球发明专利申请量
1	香港理工大学深圳研究院	51
2	香港科技大学深圳研究院	39
3	深圳北京大学香港科技大学医学中心	34
4	香港大学深圳医院	30
5	香港城市大学深圳研究院	27
6	香港中文大学（深圳）	24
7	香港中文大学深圳研究院	24
8	香港浸会大学深圳研究院	12
9	香港中文大学（深圳）福田生物医药创新研发中心	6
10	香港城市大学深圳福田研究院	3
11	香港大学深圳研究院	2
12	香港中文大学（深圳）未来智联网络研究院	1
13	香港大学深圳医院（深圳市滨海医院）	1

（4）开发地缘优势助力大健康产业腾飞

与生物医药和细胞与基因产业的情况类似，高校/科研院所对于大健康产业的技术贡献同样举足轻重。图1-14展示了2013~2023年深圳和北京、上海、广州在大健康产业的全球发明专利申请量和发明专利有效量情况。如图1-14所示，在大健康产业，北京处于第一梯队，全球发明专利申请量和发明专利有效量分别为41 033件和15 810件；广州和上海位列第二梯队，其中上海在大健康产业的全球发明专利申请量和发明专利有效量分别为33 852件和9271件，广州在大健康产业的全球发明专利申请量和发明专利有效量分别为32 836件和9720件；相较于北京、上海和广州，深圳在大健康产业偏弱，在该产业的全球发明专利申请量和发明专利有效量分别为16 824件和4872件，其中全球发明专利申请量约为北京的四成，全球发明专利有效量仅为隔壁广州的一半，北京的三成。

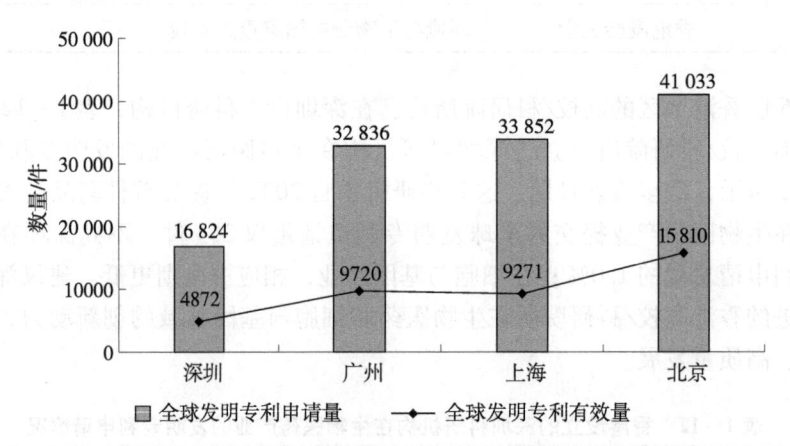

图1-14 大健康产业2013~2023年发明专利申请情况

图1-15展示了北京、上海和广州的高校/科研院所在大健康产业的国内发明专利有效量情况。如图1-15所示，在大健康产业，北京的高校/科研院所在国内的发明专利有效量达6994件，占北京全市国内发明专利有效量的比值高达52.5%；上海和广州的高校/科研院所在大健康产业的国内发明专利有效量分别为2741件和3248件，占各自城市国内发明专利有效量的比值分别为37.9%、37.0%，均接近四成。由此可见，寻求与高校/科研院所群体的科研合作，可能成为深圳大健康产业追赶北京、上海和广州步伐的抓手之一。从地缘优势和便利性角度出发，深圳可以优先与广州大健康产业具备较好科研基础的高校/科研院所开展产学研合作，释放城市魅力，引进优质高校毕业生，以快速建设、壮大大健康产业人才队伍。具体可以重点考虑以下高校/科研院所及其团队：一是华南理工大学的赵谋明团队，在蛋白质生物催化与转化、食品代谢调控以及食品加工领域，产出了124件有效发明专利；二是暨南大学的魏星团队，在干细胞生长和分化领域，产出了23件有效发明专利。

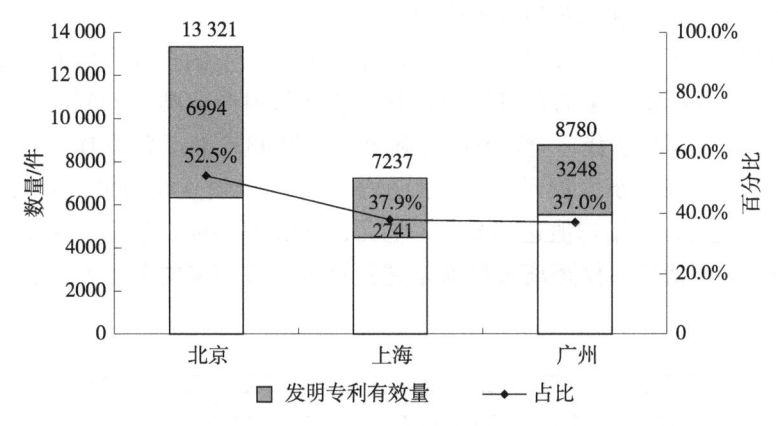

图1-15 北京、上海和广州的高校/科研院所在
大健康产业的国内发明专利有效量情况

（5）新材料产业技术发展步伐放缓

新材料与传统材料相比，具有知识与技术密集度高、品种式样变化多、应用范围广、发展前景好等特点，是国家战略性新兴产业之一。深圳拥有国内最大、产业链相对完整的先进电池材料产业集群，集聚了正极材料、负极材料、电解液、隔膜等动力电池关键领域一批龙头/上市企业，包括比亚迪、欣旺达、德方纳米、贝特瑞等；同时，深圳与北京、上海、苏州并称为国内四大纳米材料研发和生产基地，2022年，深圳新材料产业增加值364.74亿元，增长21.9%。

然而，深圳在新材料产业的发明专利技术积累不但落后于北京和上海两地，且已经出现被苏州甩开的迹象，专利技术的产出未跟上产业发展步伐。表1-13展示了新材料产业深圳和北京、上海、苏州的发明专利申请对比情况。如表1-13所示，2012年及以前，深圳在新材料产业的发明专利申请量能达到北京的六成、苏州的1.3倍以上；但2013~2023年，深圳在该产业的发明专利申请量仅为北京的53.7%、苏州的78.4%，可见，从发明专利申请角度分析，深圳在新材料产业与国内其他主要城市的差距被进一步甩开。专利尤其是发明专利是一个产业技术实力和活力的象征，是产业的晴雨表。如果放任新材料产业发明专利技术积累的落后，深圳在该产业的专利技术创新实力恐存在掉队隐患。

表1-13 新材料产业国内主要城市的发明专利申请对比情况

城市	北京	上海	苏州	深圳
2012年及以前发明专利申请量（件）	45 299	41 965	20 728	27 189
深圳与相应城市数量比（%）	60.0	64.8	131.2	—
2013~2023年发明专利申请量（件）	146 932	113 671	100 638	78 915
深圳与相应城市数量比（%）	53.7	69.4	78.4	—

（6）海洋产业技术实力难以匹配产业地位

图1-16展示了2013~2023年，国内城市在海洋产业的全球发明专利申请量排名情况。如图1-16所示，深圳在海洋产业存在与新材料产业类似的问题，专利技术产出极大落后于产业发展步伐，全球发明专利申请量仅4333件。深圳作为粤港澳大湾区中唯一一个全国海洋经济发展示范区、广东省唯一一个设立在市的海洋经济示范区，2022年的海洋经济产业增加值达到871.3亿元，增长11.5%。然而，深圳在海洋产业的全球发明专利申请量不仅距离头部城市差距巨大，甚至未能赶上武汉、杭州、南京等内陆城市。

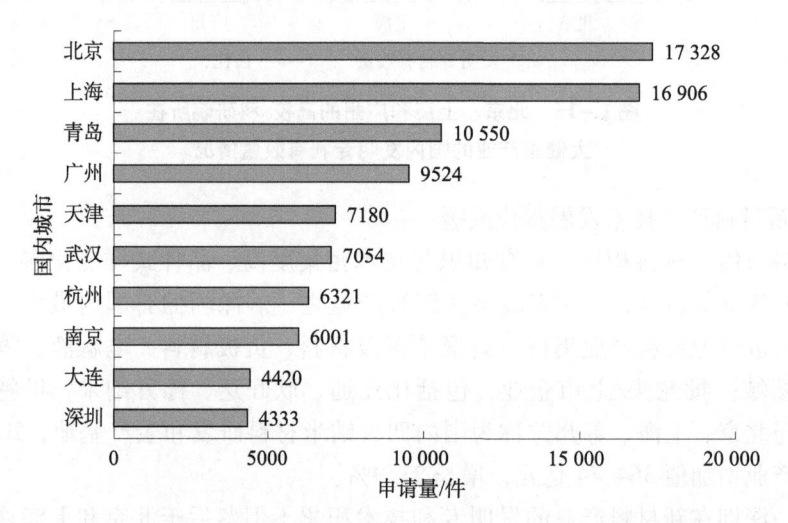

国内城市	申请量/件
北京	17 328
上海	16 906
青岛	10 550
广州	9524
天津	7180
武汉	7054
杭州	6321
南京	6001
大连	4420
深圳	4333

图1-16 国内城市在海洋产业2013~2023年的全球发明专利申请量排名情况

图1-17展示了在海洋产业深圳与国内前四位城市的高校/科研院所全球发明专利申请量情况。如图1-17所示，北京、上海、青岛、广州四个城市在海洋产业的全球发明专利申请中，高校/科研院所群体的贡献度都很突出，发明专利申请量占比分别为48.0%、47.2%、68.9%、48.0%，而深圳的高校/科研院所群体相应占比仅23.2%。值得指出的是，青岛发明专利申请量排名前20的创新主体中，包含有9家科研院所和

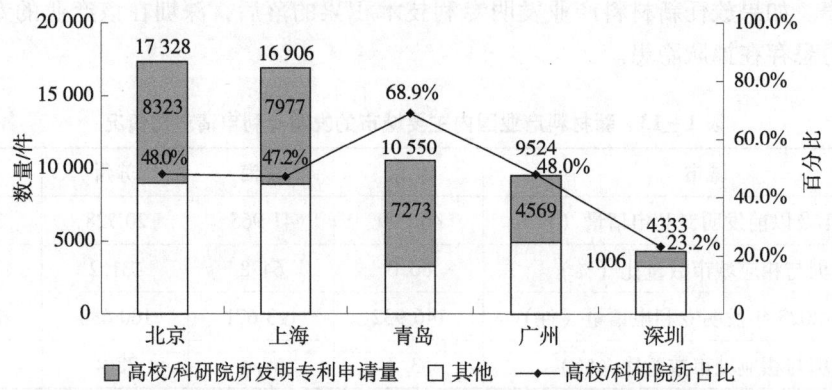

城市	高校/科研院所发明专利申请量	其他	总量	高校/科研院所占比
北京	8323		17 328	48.0%
上海	7977		16 906	47.2%
青岛	7273		10 550	68.9%
广州	4569	1006	9524	48.0%
深圳			4333	23.2%

图1-17 海洋产业深圳与国内前四位城市的高校/科研院所全球发明专利申请量情况

7所高校，反映出高校/科研院所对该产业技术发展的"头雁效应"。为了快速弥补专利技术短板，建议深圳加快学习其他城市经验，可以优先与高校/科研院所进行合作申请，或直接与高校/科研院所对接、购买相关专利，以快速积累一批发明专利技术。例如，哈尔滨工程大学和江苏科技大学等高校/科研院所，在海洋产业存在较多的专利转让与许可，可作为重点、优先考虑的对接对象。

（7）结合地区优势技术产业精细化发展深地深海产业

表1-14展示了2013~2023年深地深海产业的发明专利情况。深地深海产业是深圳提出的八大未来产业之一，属于前沿前瞻性产业。如表1-14所示，深圳在该产业的发明专利申请量1845件，在国内城市排名中位居第18位，占全国该产业发明专利申请总量的比值仅为1.5%；发明专利有效量588件，占全国该产业发明专利有效总量的比值仅为1.3%，可见深圳在深地深海产业还处于技术发展初期阶段。

表1-14 深地深海产业2013~2023年的发明专利情况

统计范围	全国	深圳	深圳占比（%）
发明专利申请量（件）	119 697	1845	1.5
发明专利有效量（件）	45 388	588	1.3

不过全国在深地深海产业处于起步探索阶段，各地都在寻找发力方向，深圳可以结合已有产业优势，开展细分领域的研究，以点带面、通过细分领域优势推动全产业高质量发展。例如，深圳可以利用智能机器人产业的坚实基础，优先发展深海机器人这一细分领域，将来取得细分领域的绝对优势后，逐步实现整个深地深海产业的快速发展。深圳在智能机器人产业已有良好的技术、企业基础，2013~2023年，深圳在智能机器人领域的发明专利申请量达6718件，发明专利有效量为2345件，发明专利技术积累仅次于北京，以深圳市大疆创新科技有限公司和深圳潜行创新科技有限公司等为代表的创新主体，正在让深圳"上天入海"的形象逐渐清晰，因此结合深地深海产业特色，开展细分领域研究，挖掘高精尖产业价值，也许能够快速激活深圳深地深海产业发展活力，让深圳先一步破局。

三、深圳"20+8"产业创新主体情况——多元化全面化发展模式初现端倪、企业呈现百花齐放

（一）"20+8"产业全球发明专利有效量超过千件的主体超过30家

表1-15展示了深圳"20+8"产业中全球发明专利有效量超过1000件的创新主体情况。如表1-15所示，深圳围绕"20+8"产业，布局的全球发明专利有效量超过千件的创新主体已达到31家（以下简称"深圳TOP 31主体"），其中企业主体26家，占比83.9%，反映出企业主体在深圳科技创新方面的重要地位；高校/科研院所主体共

5家，占比16.1%，同样为深圳的科技创新作出重要贡献。可见，深圳TOP 31主体充分发挥产业创新支撑作用，拥有的全球发明专利有效量之和，约占深圳"20+8"产业全球有效发明专利总量的六成，其全球发明专利在审量之和约占深圳"20+8"产业相应总量的四成。其中，所有深圳TOP 31主体均在10个以上"20+8"细分产业拥有有效发明专利；共19家创新主体在20个以上"20+8"细分产业拥有发明专利技术产出；尤其是深圳大学、中国科学院深圳先进技术研究院、深圳先进技术研究院和哈尔滨工业大学深圳研究生院4家创新主体，其专利技术创新成果均涉及全部"20+8"产业。

表1-15 深圳"20+8"产业全球发明专利有效量超过千件的主体名单　　　　单位：件

序号	创新主体名称	全球发明专利有效量	全球发明专利在审量	全球发明专利储备总量
1	华为技术有限公司	86 982	40 557	127 539
2	腾讯科技（深圳）有限公司	29 073	18 213	47 286
3	中兴通讯股份有限公司	22 350	9674	32 024
4	TCL华星光电技术有限公司	9037	1694	10 731
5	比亚迪股份有限公司	3963	1172	5135
6	荣耀终端有限公司	3760	2585	6345
7	平安科技（深圳）有限公司	3645	7267	10 912
8	努比亚技术有限公司	3024	1241	4265
9	深圳市大疆创新科技有限公司	2929	1753	4682
10	宇龙计算机通信科技（深圳）有限公司	2686	265	2951
11	深圳大学	2616	2259	4875
12	惠科股份有限公司	2334	1375	3709
13	深圳市华星光电半导体显示技术有限公司	2240	1756	3996
14	深圳市汇顶科技股份有限公司	1884	947	2831
15	中国广核集团有限公司	1870	1732	3602
16	华为终端有限公司	1815	361	2176
17	中国科学院深圳先进技术研究院	1779	1517	3296
18	深圳先进技术研究院	1561	1000	2561
19	清华大学深圳研究生院	1421	862	2283
20	深圳迈瑞生物医疗电子股份有限公司	1375	1670	3045
21	超聚变数字技术有限公司	1290	628	1918
22	鸿富锦精密工业（深圳）有限公司	1287	125	1412

续表

序号	创新主体名称	全球发明专利有效量	全球发明专利在审量	全球发明专利储备总量
23	天马微电子股份有限公司	1192	240	1432
24	华为云计算技术有限公司	1188	443	1631
25	业成光电（深圳）有限公司	1166	366	1532
26	深圳供电局有限公司	1070	2493	3563
27	深圳市中兴微电子技术有限公司	1067	324	1391
28	海洋王照明科技股份有限公司	1066	243	1309
29	哈尔滨工业大学深圳研究生院	1028	973	2001
30	深圳创维 RGB 电子有限公司	1017	1083	2100
31	中国广核电力股份有限公司	1015	1614	2629

注：全球发明专利储备总量，即全球发明专利有效量与在审量之和。

表1-16展示了深圳TOP31主体在"20+8"单个产业的发明专利有效量情况。如表1-16所示，在单个"20+8"细分产业的全球发明专利有效量超过1万件的创新主体有3家，在单个"20+8"细分产业的全球发明专利有效量超过1000件的创新主体共15家。其中，华为技术有限公司在网络与通信（50 462）、智能终端（11 812件）、软件与信息服务（57 046件）和数字创意（17 173件）4个"20+8"细分产业的全球发明专利有效量均超过1万件；此外，还在超高清视频显示（3127件）、精密仪器设备（1135件）、新能源（1095件）、安全节能环保（2911件）、新材料（1363件）、脑科学与类脑智能（1964件）和可见光通信与光计算（1394件）7个"20+8"细分产业的全球发明专利有效量超过1000件。腾讯科技（深圳）有限公司在软件与信息服务（19 332件）和数字创意（12 817件）2个"20+8"细分产业的全球发明专利有效量均超过1万件；此外，还在网络与通信（4088件）、超高清视频显示（5082件）、智能终端（3683件）、安全节能环保（1030件）、合成生物（1375件）、区块链（3632件）和脑科学与类脑智能（5878件）7个"20+8"细分产业的全球发明专利有效量超过1000件。中兴通讯股份有限公司在网络与通信（13 846件）和软件与信息服务（14 696件）2个"20+8"细分产业的全球发明专利有效量超过1万件；此外，还在智能终端（2607件）和数字创意（4541件）2个"20+8"细分产业的全球发明专利有效量超过1000件。

表1-16 深圳 TOP 31 主体在"20+8"单个产业的发明专利有效量情况

编号	单个产业全球发明专利有效量（件）	创新主体
1	≥10 000	华为技术有限公司 腾讯科技（深圳）有限公司 中兴通讯股份有限公司
2	5000（含）~9999	TCL 华星光电技术有限公司
3	2000（含）~4999	荣耀终端有限公司 平安科技（深圳）有限公司 深圳市大疆创新科技有限公司 惠科股份有限公司
4	1000（含）~1999	比亚迪股份有限公司 努比亚技术有限公司 宇龙计算机通信科技（深圳）有限公司 深圳大学 深圳市华星光电半导体显示技术有限公司 中国广核集团有限公司 深圳迈瑞生物医疗电子股份有限公司

（二）细分产业龙头争相涌现

深圳"20+8"产业涵盖 20 个战略性新兴产业集群、8 个未来产业集群，共计 28 个细分产业。其中，深地深海和量子信息 2 个产业均市场规模不大、技术较为前沿，工业母机产业深圳起步相对较晚，这 3 个产业都处于亟待发展阶段，未冒出技术引领者。此外，现代时尚产业具有"快速迭代、持续创新"的特点，其智力成果的知识产权保护多以外观设计专利和版权为主，发明专利产出较少。表 1-17 展示了除深地深海、量子信息、工业母机和现代时尚 4 个产业外，深圳其余 24 个细分产业的典型代表性创新主体（注：不一定是专利申请量/有效量排名靠前者）情况，这些创新主体在不同细分产业具备一定技术引领性和商业代表性。如表 1-17 所示，深圳"20+8"产业已出现若干家技术型巨头企业，这些企业覆盖产业面广，技术布局呈现多元化，且在多个细分产业的专利技术具备领先优势。例如，华为技术有限公司和腾讯科技（深圳）有限公司 2 家企业，在新一代电子信息、数字与时尚、高端制造装备、绿色低碳和新材料等战略性新兴产业，以及区块链、脑科学与类脑科学等未来产业，都开展了跨领域的专利布局。这些企业通过持续的技术创新，横跨多个产业，积累了大量的知识产权资产，进一步巩固了自身在不同产业的竞争优势和市场地位。

表 1-17 深圳"20+8"产业典型代表性创新主体情况　　　　单位：件

产业		创新主体	申请量	有效量
新一代电子信息	网络与通信	华为技术有限公司	81 600	50 462
		中兴通讯股份有限公司	27 585	13 846
		腾讯科技（深圳）有限公司	5121	4088
	半导体与集成电路	TCL华星光电技术有限公司	1705	954
		华为技术有限公司	2158	626
		深圳市汇顶科技股份有限公司	1231	492
		深圳市华星光电半导体显示技术有限公司	1075	327
	超高清视频显示	TCL华星光电技术有限公司	13 523	7310
		腾讯科技（深圳）有限公司	9477	5082
		华为技术有限公司	9476	3127
	智能终端	华为技术有限公司	22 182	11 812
		腾讯科技（深圳）有限公司	6303	3683
		中兴通讯股份有限公司	5657	2607
		深圳云天励飞技术股份有限公司	1440	405
	智能传感器	深圳市汇顶科技股份有限公司	1487	623
		深圳市大疆创新科技有限公司	1158	341
		深圳市速腾聚创科技有限公司	672	171
		深圳大学	472	159
		瑞声声学科技（深圳）有限公司	288	75
数字与时尚	软件与信息服务	华为技术有限公司	97 008	57 046
		腾讯科技（深圳）有限公司	33 148	19 332
		中兴通讯股份有限公司	32 883	14 696
	数字创意	华为技术有限公司	22 448	17 173
		腾讯科技（深圳）有限公司	20 602	12 817
		中兴通讯股份有限公司	8294	4541
高端制造装备	智能机器人	深圳市大疆创新科技有限公司	884	352
		深圳市优必选科技股份有限公司	734	388
		哈尔滨工业大学深圳研究生院	208	116
		深圳市精锋医疗科技股份有限公司	224	68

续表

产业		创新主体	申请量	有效量
高端制造装备	激光与增材	大族激光科技产业集团股份有限公司	132	94
		深圳大学	115	43
		深圳市创想三维科技股份有限公司	175	36
	精密仪器设备	华为技术有限公司	2540	1135
		深圳迈瑞生物医疗电子股份有限公司	2199	954
		腾讯科技（深圳）有限公司	1170	560
		中国科学院深圳先进技术研究院	1050	464
		深圳大学	1085	422
		深圳先进技术研究院	822	339
绿色低碳	新能源	中国广核集团有限公司	1359	1018
		华为数字能源技术有限公司	1561	672
		比亚迪股份有限公司	909	646
	安全节能环保	海洋王照明科技股份有限公司	1428	873
		深圳市汇川技术股份有限公司	375	149
	智能网联汽车	比亚迪股份有限公司	1763	1137
		华为技术有限公司	2878	756
		腾讯科技（深圳）有限公司	1541	694
生物医药与健康	高端医疗器械	深圳迈瑞生物医疗电子股份有限公司	2474	1055
		先健科技（深圳）有限公司	902	457
		中国科学院深圳先进技术研究院	1097	453
		深圳市理邦精密仪器股份有限公司	446	325
	生物医药	先健科技（深圳）有限公司	896	453
		深圳迈瑞生物医疗电子股份有限公司	894	344
		深圳华大生命科学研究院	843	344
	大健康	深圳华大生命科学研究院	495	235
		深圳市倍轻松科技股份有限公司	230	140
		深圳大学	399	136
		未来穿戴健康科技股份有限公司	325	43
新材料		比亚迪股份有限公司	1702	1648
		深圳大学	1859	751
		海洋王照明科技股份有限公司	1072	674

续表

产业		创新主体	申请量	有效量
海洋产业		中国国际海运集装箱（集团）股份有限公司	245	131
		深圳大学	215	90
		中国广核集团有限公司	157	68
未来产业	合成生物	深圳大学	1024	348
		深圳华大生命科学研究院	632	269
		深圳华大基因股份有限公司	206	204
	区块链	腾讯科技（深圳）有限公司	8615	3632
		平安科技（深圳）有限公司	3686	463
		深圳壹账通智能科技有限公司	1408	190
		深圳前海微众银行股份有限公司	1167	214
		华为技术有限公司	712	221
	细胞与基因	深圳华大生命科学研究院	416	175
		深圳先进技术研究院	321	108
		深圳华大基因股份有限公司	118	106
	空天技术	深圳市大疆创新科技有限公司	6780	2018
		深圳市道通智能航空技术股份有限公司	1423	371
		深圳市赛格导航科技股份有限公司	191	136
		深圳市华信天线技术有限公司	106	27
		深圳市凯立德科技股份有限公司	96	72
	脑科学与类脑智能	腾讯科技（深圳）有限公司	16 798	5878
		华为技术有限公司	10 249	1964
		平安科技（深圳）有限公司	8895	2108
	可见光通信与光计算	华为技术有限公司	2146	1394
		中兴通讯股份有限公司	627	263

注：申请量指 2013~2023 年全球发明专利申请量有效量指全球发明专利有效量。

除了横跨多个产业的巨头企业的领航作用，深圳"20+8"产业还呈现出龙头企业引领各产业高质量发展的趋势，例如，半导体与集成电路和超高清视频显示产业的华星光电（包括 TCL 华星光电技术有限公司和深圳市华星光电半导体显示技术有限公司 2 个主体）、智能网联汽车和新能源产业的比亚迪股份有限公司、智能机器人和空天技术产业的深圳市大疆创新科技有限公司、高端医疗器械和生物医药产业的深圳迈瑞生物医疗电子股份有限公司、新能源产业的中国广核集团有限公司、细胞与基因和合成生物产业的深圳华大基因股份有限公司，以及一批在细分领域技术领先的企业，如指纹芯片的深圳市汇顶科技股份有限公司、激光雷达领域的深圳市速腾聚创科技有限公司、服务机器人领域的深圳市优必选科技股份有限公司等。这些企业坚持科技引领，强化创新驱动，为深圳"20+8"产业各大集群快速、高质量发展，铸就了强大的核心竞争力。

如表1-17所示，除了企业主体，深圳高校/科研院所群体也涌现出不少典型代表，它们正在积极运用科研力量，夯实深圳科技根基。其中，深圳大学作为学科门类齐全的综合性大学，重点发力的产业包括精密仪器设备、新材料和合成生物等，此外，在智能传感器、激光与增材、大健康和海洋产业等领域也有不错的表现，积累了较多的发明专利技术；深圳先进技术研究院则在精密仪器设备、细胞与基因产业贡献了诸多发明专利技术；哈尔滨工业大学深圳研究生院聚焦智能机器人产业，是全球发明专利申请量（2013～2023年）和有效量最多的深圳高校/科研院所。可见，深圳高校/科研院所群体虽然相较于北京、上海和广州等国内重点城市数量规模较小，但不少主体仍在积极发挥其基础研究主力军和重大科技创新策源地作用，坚持不懈地开展科技攻关并取得了显著成绩。毋庸置疑，它们已成为深圳"20+8"产业高质量发展无可替代的科技创新源头和强有力的科技创新支柱。

（三）上市企业成为中流砥柱

表1-18展示了深圳"20+8"产业上市企业分布情况。截至2023年7月，深圳共有413家上市企业，❶如表1-18所示，这些上市企业的全球发明专利有效量之和占深圳"20+8"产业相应总量的1/7左右，总共为48132件。其中，在智能网联汽车、高端医疗器械、新能源、新材料、精密仪器设备、网络与通信、激光与增材和智能传感器8个产业的全球发明专利有效量之和，是深圳各产业相应总量的两成左右，分别为22.1%、22.0%、21.9%、19.9%、19.2%、18.0%、17.5%和17.4%。此外，深圳上市企业群体还在生物医药、可见光通信与光计算、软件与信息服务、海洋产业、安全节能环保、智能终端、数字创意、半导体与集成电路、大健康和超高清视频显示10个产业，存在较高的发明专利技术贡献度，其全球发明专利有效量之和占深圳各产业相应总量的比值均在10.0%以上，分别为14.6%、14.2%、13.9%、13.5%、12.9%、12.3%、11.7%、11.5%、11.0%和10.4%，反映出上市企业群体在深圳科技产业创新发展方面起到的龙头带动作用。值得指出的是，在脑科学与类脑智能、空天技术、量子信息、智能机器人和区块链5个产业，深圳上市企业的专利技术贡献则仍有较大提升空间，上市企业的全球发明专利有效量之和均不到深圳各产业相应总量的5.0%，仅分别为4.5%、4.3%、3.4%、1.8%和1.3%。此外，深圳上市企业群体在创新能力方面还存在明显断层现象，全球发明专利有效量排名前十位的上市企业主

---

❶ 深圳辖区上市公司名录来源：中国证券监督管理委员会（深圳监管局）官网。

体，其数量之和与该群体全球发明专利有效量总量的比值高达72.6%，即其他403家深圳上市企业围绕"20+8"产业布局的全球发明专利有效量之和，仅占该群体总量的三成不到，专利技术创新能力及产出水平亟待提升。

除上述内容，根据表1-18还可以看出，深圳"20+8"产业中拥有上市企业最多的产业分别是新材料、精密仪器设备和软件与信息服务3个产业，其上市企业数量分别为218家、199家和189家；而上市企业贡献专利技术最多的产业分别为软件与信息服务和网络与通信2个产业，深圳上市企业在该2个产业的全球发明专利有效量之和分别为20 263件和15 841件；此外，深圳上市企业群体在数字创意、新材料、智能终端、超高清视频显示、精密仪器设备、新能源、高端医疗器械和安全节能环保8个产业的专利技术贡献也较高，全球发明专利有效量之和均超过2000件，分别为7522件、6457件、4797件、4258件、3959件、3408件、2516件和2036件。其中，单位上市企业全球发明专利有效量最多的产业分别为网络与通信和软件与信息服务2个产业，每家上市企业平均拥有的全球发明专利有效量分别为126.7件和107.2件，远远高于其他产业；此外，中兴通讯股份有限公司在网络与通信和软件与信息服务2个产业的全球发明专利有效量，分别占深圳上市企业群体在该2个产业总量的72.5%和87.4%，展现出强势的专利技术引领地位。

表1-18 深圳上市企业在"20+8"产业的全球发明专利有效量情况

产业［深圳全球有效发明专利总量（件）］	上市企业数量（家）	有效量之和（件）	占比（%）	产业［深圳全球有效发明专利总量（件）］	上市企业数量（家）	有效量之和（件）	占比（%）
网络与通信（87 918）	125	15 841	18.0	智能网联汽车（7545）	69	1670	22.1
半导体与集成电路（7500）	79	865	11.5	高端医疗器械（11 426）	53	2516	22.0
超高清视频显示（41 036）	130	4258	10.4	生物医药（11 620）	47	1694	14.6
智能终端（38 849）	135	4797	12.3	大健康（4872）	32	535	11.0
智能传感器（8330）	117	1451	17.4	新材料（32 429）	218	6457	19.9
软件与信息服务（145 414）	189	20 263	13.9	海洋产业（1977）	24	266	13.5
数字创意（64 261）	142	7522	11.7	合成生物（8857）	52	792	8.9
现代时尚（2808）	37	184	6.6	区块链（7021）	28	94	1.3
工业母机（1351）	45	115	8.5	细胞与基因（2937）	29	287	9.8
智能机器人（2345）	19	43	1.8	空天技术（7692）	51	333	4.3
激光与增材（1071）	28	187	17.5	脑科学与类脑智能（19 809）	17	896	4.5
精密仪器设备（20 614）	199	3959	19.2	深地深海（588）	12	58	9.9
新能源（15 557）	158	3408	21.9	可见光通信与光计算（2447）	13	348	14.2
安全节能环保（15 791）	143	2036	12.9	量子信息（474）	8	16	3.4

表 1-19 展示了深圳专精特新"小巨人"企业在"20+8"产业的全球发明专利有效量情况。截至 2023 年 7 月,深圳共有专精特新"小巨人"企业 752 家,[1] 如表 1-19 所示,这些专精特新"小巨人"企业的全球发明专利有效量之和占深圳"20+8"产业相应总量的比值不到 1/25,总共为 19 927 件。其中,在激光与增材、空天技术和高端医疗器械 3 个产业的发明专利技术贡献度相对较高,其全球发明专利有效量之和占深圳各产业相应总量的比值在 10.0% 以上,分别为 12.0%、11.5% 和 10.7%,而该群体在其他产业的发明专利技术贡献度则都偏低,尤其是合成生物、脑科学与类脑智能、安全节能环保、深地深海、现代时尚、数字创意、超高清视频显示、大健康、细胞与基因、可见光通信与光计算、软件与信息服务、量子信息、区块链和网络与通信 14 个产业,其全球发明专利有效量之和均不到深圳各产业相应总量的 3.0%,仅分别为 2.9%、2.8%、2.8%、2.7%、2.7%、2.6%、2.5%、2.5%、2.3%、2.1%、2.0%、1.9%、1.1% 和 0.9%。由此可见,深圳的专精特新"小巨人"企业在专利技术创新方面还存在很大的发力空间,激发该企业群体的专利技术创新潜力,促使其专利技术产出水平与其产业地位相匹配,将有效助推深圳"20+8"产业高质量发展。

表 1-19 深圳专精特新"小巨人"企业在"20+8"产业的全球发明专利有效量情况

产业[深圳全球有效发明专利总量(件)]	有效量(件)	占比(%)	产业[深圳全球有效发明专利总量(件)]	有效量(件)	占比(%)
网络与通信(87 918)	809	0.9	智能网联汽车(7545)	491	6.5
半导体与集成电路(7500)	565	7.5	高端医疗器械(11 426)	1222	10.7
超高清视频显示(41 036)	1030	2.5	生物医药(11 620)	1079	9.3
智能终端(38 849)	1336	3.4	大健康(4872)	122	2.5
智能传感器(8330)	596	7.2	新材料(32 429)	1960	6.0
软件与信息服务(145 414)	2980	2.0	海洋产业(1977)	89	4.5
数字创意(64 261)	1653	2.6	合成生物(8857)	259	2.9
现代时尚(2808)	75	2.7	区块链(7021)	80	1.1
工业母机(1351)	75	5.6	细胞与基因(2937)	68	2.3
智能机器人(2345)	215	9.2	空天技术(7692)	885	11.5
激光与增材(1071)	128	12.0	脑科学与类脑智能(19 809)	552	2.8
精密仪器设备(20 614)	1863	9.0	深地深海(588)	16	2.7
新能源(15 557)	1280	8.2	可见光通信与光计算(2447)	52	2.1
安全节能环保(15 791)	438	2.8	量子信息(474)	9	1.9

注:同一件专利可能同时涉及多个产业。

---

[1] 深圳专精特新"小巨人"名录,来源:工业和信息化部第一至五批国家级专精特新"小巨人"企业名单。

四、深圳"20+8"产业高质量发展的知识产权建议

到 2025 年,深圳战略性新兴产业增加值将超过 1.5 万亿元,成为推动地区经济高质量发展的主引擎。要实现"培育一批具有产业生态主导力的优质龙头企业,推动一批关键核心技术攻关取得重大突破,打造一批现代化先进制造业园区和世界级'灯塔工厂'"的发展目标,仍需巩固高新技术产业的技术实力,革故鼎新,针对性解决深圳"20+8"产业技术问题,扩大深圳"20+8"产业的专利储备,为深圳的产业创新发展打下坚实的知识产权基础。

(一)如何助推"20+8"潜力产业快速增长

1. 针对产业特点全方位提升产业创新实力

在超高清视频显示和半导体与集成电路等技术门槛较高、要求规模效应的产业,建议扶持产业龙头,定立绩效目标,监督项目进度安排,落实履约监管责任,注重配套发展上下游产业,形成协同创新的产业链,增强相应产业的原始创新能力。此外,建议深圳引导拥有技术实力的中小规模科技企业,大力推进发明专利获权工作,促进新生力量企业专利技术布局跟上自身市场地位的发展步伐,以高质量助力深圳智能终端和脑科学与类脑智能等潜力产业的长足发展。

2. 跟进产业科技热点,引进潜力技术企业

科技创新成为产业发展的动力之源,ChatGPT、AI 大模型、常温超导、未来种子与生物育种、新型储能技术、先进机床与智能制造等科技热点频繁涌现,带动资本市场的活跃与转向。把握科技发展动向,加大政府投入,引领新一轮科技革命,将优化地区产业竞争格局,提升地区在前沿技术领域的话语权和影响力。

通过知识产权信息和市场动态信息的汇集、分析,表 1-20 展示了一批在潜力技术产业、热点创新领域具备较强研发实力和较大知识产权保护力度的新兴科技企业。这些企业专利技术多获得市场和政府认可,资质丰富,技术积累较强。建议深圳根据地区产业链发展需求,加强对这些创新主体的引培工作,从而不断提升区域产业核心竞争力。

如表 1-20 所示,出门问问信息科技有限公司成立于 2017 年,注册资本 1000 万美元,实缴资本 1000 万美元,参保人数 112 人,是一家主营语音合成类算法、下一代人机交互技术的国家高新技术企业、国家级科技型中小企业、独角兽企业和北京市 2021 年度第六批专精特新企业。该企业知识产权工作突出,提交的专利申请共 818 件,其中包括不少境外专利布局(美国 23 件、PCT 21 件、欧盟专利 14 件、欧专局 13 件、英国 10 件、奥地利 3 件、德国 3 件、印度 2 件等);此外,2021 年至今,陆续将 48 件类脑智能、语音识别、文本处理技术的发明专利转让给大众汽车(中国)投资有限公司;10 件中国商标被苹果公司提起异议;与阿里集团之间涉及 700 多件作品信息网络传播

表1-20 "20+8"产业及热点创新领域的新兴科技企业的情况

序号	企业名称	涉及"20+8"产业的情况	企业资质	知识产权情况
1	出门问问信息科技有限公司	脑科学与类脑智能、软件与信息服务 主营产品：语音合成类算法、下一代人机交互	成立于2017年，高新技术企业、国家级科技型中小企业、独角兽企业、北京市2021年度第六批专精特新企业	专利申请818件（中国714件，美国23件，PCT 21件，欧盟专利14件，英国13件，德国3件，奥地利3件，印度2件等），其中，48件类脑智能、语音识别、文本处理技术的发明专利转让给大众汽车（中国）投资有限公司；与阿里集团10件中国商标被苹果公司提起异议，之间涉及700多件作品信息网络传播权纠纷案件、11个著作权纠纷案件，侵权纠纷相关案件
2	北京陌上花科技有限公司	脑科学与类脑智能、软件与信息服务 主营产品：计算机视觉搜索引擎	成立于2014年，高新技术企业，获得B+轮融资	中国发明专利申请72件，其中，37件有效，23件在审； 2019年，将46件涉及计算机视觉搜索引擎、类脑智能、图像处理技术的发明专利许可给苹果研发（北京）有限公司
3	昆仑芯（北京）科技有限公司	脑科学与类脑智能 主营产品：AI芯片	成立于2011年，百度持股70%，高新技术企业，独角兽企业	专利申请411件，其中，237件自百度集团转让而来，共225件专利申请与百度共同持有（中国59件，美国69件，欧局35件，韩国35件，奥地利15件，德国12件）
4	北京鲸鲮信息系统技术有限公司（曾用名：北京盛乐通信息技术有限公司）	智能终端、软件与信息服务、电子设备、国产平板操作系统 主营产品：国产平板操作系统JingOS	成立于2018年，高新技术企业，北京市2022年度第二批专精特新企业，2021年发布国产平板操作系统JingOS	中国专利申请140件，其中，136件中国专利申请转让给北京字节跳动网络技术有限公司和抖音视界有限公司

续表

序号	企业名称	涉及"20+8"产业的情况	企业资质	知识产权情况
5	矽力杰半导体技术（杭州）有限公司	半导体与集成电路 主营产品：电源芯片、电池充电、SSD、光传感器等	成立于2008年，外国法人独资，高新技术企业，国家科技型中小企业，专精特新"小巨人"，瞪羚企业、雏鹰企业、隐形冠军企业	专利申请1715件（中国759件，美国692件，欧洲专利局48件，印度12件，波兰5件，土耳其5件，PCT 5件，德国4件，西班牙4件，葡萄牙3件等）；半导体集成电路专利申请113件（中国10件，美国42件等），其中，5件中国专利许可给予公司"南京矽力杰半导体技术有限公司"
6	上海晶丰明源半导体股份有限公司	半导体与集成电路 主营产品：LED照明驱动芯片、混合信号芯片、虚拟IDM模拟	成立于2014年，高新技术企业，专精特新"小巨人"，瞪羚企业，小微企业，专精特新企业，创新型中小企业，科创板上市企业	专利申请513件（中国443件，美国52件，PCT 11件，欧专局1件，日本1件）；涉及2起与矽力杰半导体技术（杭州）有限公司的专利诉讼，107件专利源自转让获得，转让包括：成都晟创科技有限公司48件，力来托半导体（上海）有限公司18件，英特格灵芯片（天津）有限公司12件，英特格芯片（成都）有限公司8件，芯好半导体8件
7	苏州立琻半导体有限公司（曾用名：苏州乐琻半导体有限公司）	半导体与集成电路、超高清视频显示 主营产品：光电化合物半导体产品	成立于2021年，2023年度苏州市创新型中小企业	专利申请7137件，其中，5664件半导体器件和发光器件领域的专利转让自LG Innotek和LG电子株式会社（韩国1342件，美国2704件，中国765件，日本564件，欧专局108件，德国46件等）
8	广州灵犀互娱信息技术有限公司	脑科学与类脑智能、软件与信息服务 主营产品：网络游戏、移动互联网信息服务、应用服务	成立于2014年，阿里巴巴集团成员公司	申请专利260件（中国202件，PCT 40件，美国8件，印度7件，俄罗斯3件），其中，186件类脑智能、软件与信息服务领域的专利转让给阿里巴巴（中国179件，美国6件，俄罗斯1件）；与网易、腾讯、字节跳动等公司多有知识产权、侵害作品信息网络传播权、反不正当竞争方面的诉讼

权纠纷案件、11 个著作权权属案件、侵权纠纷相关案件。北京陌上花科技有限公司成立于 2014 年，注册资本 1500 万元人民币，实缴资本 409 万元人民币，参保人数 3 人，是一家主营计算机视觉搜索引擎的国家高新技术企业，并获得 B + 轮融资，其中在 2018 年，获得中关村银行、中关村发展集团的注资，融资金额约亿元人民币；该企业共提交中国发明专利申请 72 件，于 2019 年，将 46 件涉及计算机视觉搜索引擎、类脑智能、图像处理技术的发明专利许可给苹果研发（北京）有限公司，相关专利技术获得行业巨头的认可。昆仑芯（北京）科技有限公司成立于 2011 年，注册资本 1785 万元人民币，实缴资本 1501 万元人民币，参保人数 178 人，是一家主营 AI 芯片的国家高新技术企业和独角兽企业，该公司由百度持股 70%，2021 年 4 月完成了独立融资，首轮估值约 130 亿元，前身是百度智能芯片及架构部，在实际业务场景中深耕 AI 加速领域已 10 余年，在体系结构、芯片实现、软件系统和场景应用等领域均有深厚积累；该企业共提交专利申请 411 件，其中 237 件自百度集团转让而来，共 225 件专利申请与百度共同持有，包括有较多的海外布局（美国 69 件、欧专局 35 件、韩国 35 件、奥地利 15 件、德国 12 件）。

北京鲸鲮信息系统技术有限公司（曾用名：北京盛乐通信息技术有限公司），成立于 2018 年，注册资本 2232 万元人民币，参保人数 1 人，该公司由北京协力筑成科技信息服务股份有限公司 100% 控股，是国家高新技术企业和北京市 2022 年度第二批专精特新企业，主营产品为电子设备和国产平板操作系统，曾在 2021 年发布国产平板操作系统 JingOS；该企业共提交中国专利申请 140 件，其中，136 件中国专利申请转让给北京字节跳动网络技术有限公司和抖音视界有限公司。矽力杰半导体技术（杭州）有限公司成立于 2008 年，注册资本 6852 万美元，实缴资本 5852 万美元，参保人数 676 人，该公司由外国法人——Silergy Corp.（矽力杰股份有限公司）独资、100% 控股，总部位于中国杭州，在中国杭州、南京、西安、上海、厦门、北京、成都、苏州，印度等地均设有研发中心，销售中心更是遍布全球，是一家主营电源芯片、电池充电、SSD、光传感器等产品的高新技术企业、国家科技型中小企业、专精特新"小巨人"企业、瞪羚企业、雏鹰企业和隐形冠军企业；该企业已提交的专利申请达到 1715 件，其中境外专利布局规模可观（美国 692 件、欧专局 48 件、印度 12 件、波兰 5 件、土耳其 5 件、PCT 5 件、德国 4 件、西班牙 4 件、葡萄牙 3 件等），113 件为半导体集成电路技术。上海晶丰明源半导体股份有限公司成立于 2014 年，注册资本 6300 万元人民币，实缴资本 4500 万元人民币，参保人数 247 人，是一家主营 LED 照明驱动芯片、混合信号芯片和虚拟 IDM 模拟技术的高新技术企业、专精特新"小巨人"企业、瞪羚企业、企业技术中心、小微企业、创新型中小企业和科创板上市企业；该企业共提交专利申请 513 件，包括不少海外布局（美国 52 件、PCT 11 件、欧专局 1 件、日本 1 件等），其中 107 件专利源自转让获得，转让方包括：成都岷创科技有限公司、上海莱狮半导体科技有限公司、力来托半导体（上海）有限公司、英特格灵芯片（天津）有限公司和芯好半导体（成都）有限公司，并涉及 2 起与矽力杰半导体技术（杭州）有限公司的专利诉讼。

苏州立琻半导体有限公司（曾用名：苏州乐琻半导体有限公司），成立于 2021 年，注册资本 8800 万元人民币，实缴资本 8500 万元人民币，参保人数 81 人，2022 年 7 月获 LG Innotek 战略融资，2023 年 8 月获科大讯飞融资，是 2023 年度苏州市创新型中小企业，该公司主营产品为光电化合物半导体产品；该企业共提交专利申请 7137 件，其中 5664 件半导体器件和发光器件领域的专利申请转让自 LG Innotek 和 LG 电子株式会社。广州灵犀互娱信息技术有限公司成立于 2014 年，注册资本 1 亿元人民币，实缴资本 1 亿元人民币，参保人数 28 人，该公司是阿里巴巴集团成员公司，阿里巴巴文化娱乐有限公司对其持股达 90%，位于广东省广州市，对外有诸多游戏公司投资，主营产品包括网络游戏、移动互联网信息服务、应用服务等方面该企业共提交专利申请 260 件，包括不少海外布局（PCT 40 件、美国 8 件、印度 7 件、俄罗斯 3 件），其中 186 件类脑智能、软件与信息服务领域的专利申请转让给阿里巴巴，并且与网易、腾讯、字节跳动多有知识产权、侵害作品信息网络传播权、反不正当竞争方面的诉讼，知识产权动作活跃。

（二）如何弥补"20+8"薄弱技术产业创新短板

1. 借助地缘优势，引培高校科研资源

建议深圳开展专利导航工作，梳理高校研究成果，筛选重点产业专利，鼓励深圳创新主体直接与高校对接购买相关专利，快速积累一批有效发明专利技术；同步引进广州、香港以及全国的高校科研资源，优先与广州在大健康产业具备较好科研基础的高校/科研院所开展产学研合作，释放城市魅力，引进优质高校毕业生，以快速建设大健康领域产业人才队伍；此外，进一步挖掘已引入深圳的香港高校研究机构的研发潜力，助力深圳生物医药、细胞与基因产业快速、高质量发展。

2. 依托企业研发，积极推进协同创新

鉴于深圳 90% 以上为企业创新的实际情况，建议深圳可以借鉴北京在核心产业的企业协同创新模式，鼓励深圳本地企业与产业链上下游企业、合作伙伴企业、本地及全国高校/科研院所等创新主体开展创新合作，促进技术优势互补，以激活深圳工业母机、安全节能环保、新材料、海洋产业等产业的整体创新动力。

3. 携手优势产业，促成未来产业破局

深地深海等未来产业尚处于起步探索阶段，全国各地都在寻找发力方向，建议深圳可以结合智能机器人等现有优势技术产业，开拓产业融合路径，深度开展未来产业细分领域的研究，合理利用专利预审、优先审查等快速获权渠道，加快科研成果确权保护，以点带面，通过细分领域优势推动深圳未来产业整体取得高质量发展。

报告二　深圳市电化学储能产业关键材料专利技术和市场风险分析报告

随着我国"3060双碳"目标的深入，电化学储能已成为促进能源转型和构建新型能源体系的重要途径之一，是市场上关注度最高的储能技术，主要分为锂离子电池、铅酸电池、液流电池和钠硫电池四种储能电池类型。其中锂离子电池技术发展最快，[1] 是全球以及中国装机规模最大的电化学储能技术，广泛应用于各类消费电子、动力汽车和电力系统等领域。

锂离子电池主要组成部分有正极、负极、隔膜和电解质，[2] 其中正极材料是锂离子电池电化学性能和价格的决定性因素，其技术创新对产业发展、抢占市场尤为关键。磷酸锰铁锂和高镍三元为锂离子电池正极材料的主流方向，[3] 磷酸锰铁锂具有高能量密度的核心优势，预计2023年国内将实现稳定批量生产，高镍三元相较于其他正极材料技术壁垒更高，可以更好地满足新能源汽车轻量化、智能化的发展要求。高比容量的硅基负极是下一代负极材料。[4] 随着下游对锂电性能要求的不断提升，锂离子电池关键材料将迎来新一轮技术迭代和升级，国内外竞争势必更加激烈，竞争风险也随之而来。

综合对电化学储能产业及深圳企业的调研情况，确定本报告分析重点为电化学储能锂离子电池的正极材料——磷酸锰铁锂和高镍三元、硅基负极、隔膜和电解质五大关键材料领域，旨在评估该五大领域专利技术及市场风险。检索数据来自HimmPat专利数据库，检索及专利法律状态截止时间为2023年6月底，开展风险评估分析时不考虑失效专利。本报告重要专利通过综合考量转让、质押、许可、无效、权利要求数量、施引专利量、简单同族国家/地区量、维持十年以上有效专利、专利奖（仅中国专利）及重要申请人等指标后筛选得到。

---

[1] 申屠骁. 电化学储能系统产业现状及发展分析 [J]. 机电信息, 2023 (6): 28-30; 王楠, 王国强. 从伏打电池到锂离子电池——电化学储能技术的发展 [J]. 张江科技评论, 2022 (4): 72-77; 李玲. 中国工程院院士刘吉臻：要找准储能在新型电力系统中的定位 [N]. 中国能源报, 2023-09-25.

[2] 李玉婷. 碳中和背景下锂离子电池正极材料的发展趋势及应对措施 [J]. 化学与生物工程, 2022 (9): 7-10.

[3] 刘帅杰, 孙妍, 邓子昭. 磷酸锰铁锂正极材料研究进展 [J]. 化学矿物与加工, 2024, 53 (4): 24-32.

[4] 白羽, 王孟媛, 张婧, 等. 锂离子电池硅基负极研究进展 [J]. 北京理工大学学报, 2023, 43 (12): 1213-1223.

一、电化学储能锂离子电池五大关键材料专利分布情况

（一）主要国家或地区专利分布情况

通过对比分析中国、美国、日本、韩国和欧洲等国家/地区在锂离子电池五大关键材料领域的专利布局及技术输入与输出情况，得出该研究领域的主要技术实力国为中国、美国、日本和韩国，但中国需加大步伐进行海外布局；同时，专利数据还表明，锂离子电池五大关键材料领域的市场竞争激烈，其中美国和中国是全球企业最青睐的目标市场。

1. 专利技术主要来源国及分布国均为中国、美国、日本和韩国，中国和日本在专利数量上存在领先

截至 2023 年 6 月，在锂离子电池五大关键材料领域，全球专利申请量共 145 654 万件，其中有效专利及审中专利共 91 325 件，占全球专利申请总量的 62.7%。图 2-1 为中国、美国、日本、韩国和欧洲 5 个主要国家/地区在锂离子电池五大关键材料领域的专利申请流向图。由图 2-1 可以看出，在锂离子电池五大关键材料领域，技术主要来源国依次为中国、日本、美国和韩国，专利主要分布在中国（42 765 件）、日本（36 711 件）、美国（23 396 件）和韩国（15 848 件），其中，中国和日本在数量上均明显高于其他国家/地区。

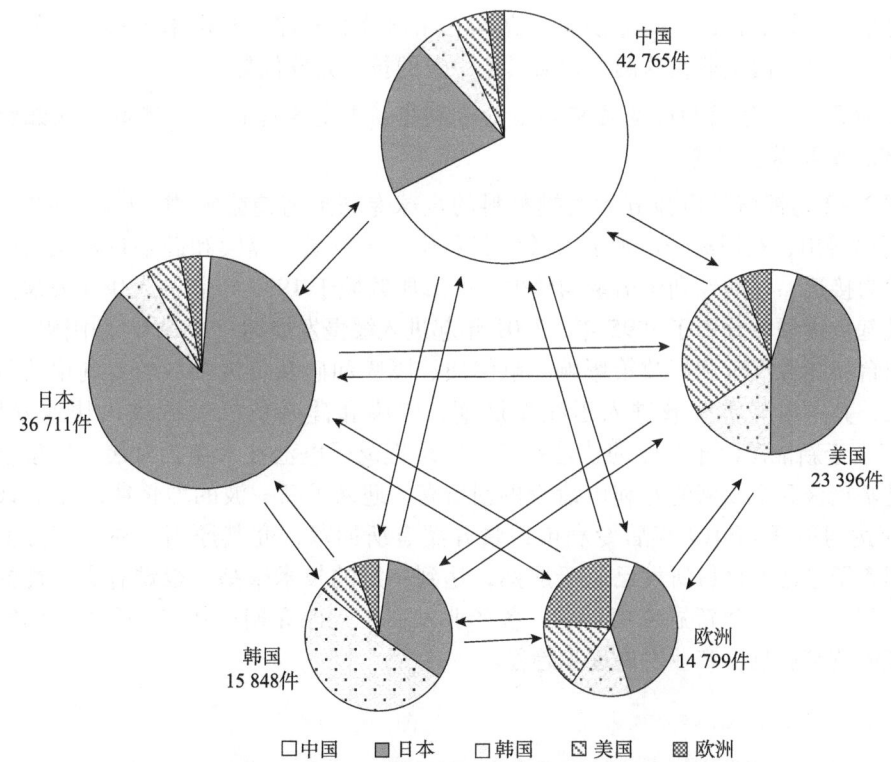

图 2-1 锂离子电池五大关键材料的五局/地区专利申请流向图

2. 日韩企业占据海外专利高地，各国争相抢占中国和美国市场，美国和欧洲市场竞争激烈，中国海外布局需加大步伐

由图 2-1 可知，在海外市场，日韩企业占据专利高地，技术出海程度相对较高。从专利布局数量来看，专利技术全球化布局最广的是日本，在五局/地区的专利布局量达 61 579 件，分别是韩国的 3.4 倍、美国的 4.3 倍。从专利布局占比来看，技术全球化布局最深的也是日本，在韩国、美国、欧洲市场的专利占比均在 32.2% 以上；其次是韩国，在欧洲、美国、日本的专利占比均居第二；美国是全球企业的首要目标市场，其次是中国，主要国家或地区向美国和中国的专利技术输出数量最多。由图 2-1 还可以得出，美国和欧洲市场的竞争最为激烈，本国专利占比分别仅为 28.7% 和 24.0%，其余四个国家/地区在美国和欧洲市场都进行了不少的专利布局。此外，由图 2-1 可知，中国企业的海外布局程度较低，专利布局量最多的美国市场，专利申请数量为 1141 件，也仅占国内专利申请数量的 1.4%，在日本、韩国和欧洲市场的专利申请数量分别为 475 件、364 件和 868 件，远不如日韩企业。这将不利于中国企业参与未来国际市场竞争，建议我国企业加强海外专利布局力度。

（二）专利技术分布情况

通过对锂离子电池五大关键材料的全球专利申请趋势及主要国家或地区专利技术构成进行分析，可以得出无论国内还是国外，专利申请都集中在电解质、隔膜和硅基负极三个方向，尤其以电解质领域的专利申请居多，且该三个领域的专利技术发展均逐步趋稳。相较而言，磷酸锰铁锂和高镍三元领域的全球专利申请不多，但处于快速发展阶段，且中国企业在这两个领域具备一定的技术先发优势。

1. 电解质、隔膜和硅基负极领域的专利申请趋势整体向上，磷酸锰铁锂和高镍三元领域发展势头正劲

图 2-2 为锂离子电池五大关键材料的全球专利申请趋势图。[1] 从图 2-2（a）~（c）可以看出，在锂离子电池五大关键材料中，电解质、隔膜和硅基负极领域的发展周期较为接近，早期专利申请量均较少，电解质领域于 1990 年起进入快速发展期，隔膜和硅基负极领域分别于 1995 年、2001 年起进入缓慢发展期；2009 年受中国、日本等国家出台新能源汽车利好政策影响，电解质、隔膜和硅基负极领域的专利申请量均大幅增长，其中电解质领域进入迅猛发展期，隔膜和硅基负极领域进入快速发展期；2015 年由于新能源汽车产业的快速兴起，全球锂离子电池技术蓬勃发展，电解质、隔膜和硅基负极 3 个领域的专利申请量再创新高，迎来了新一波的增长期，并于 2018~2019 年达到顶峰；2019 年后专利申请量开始有所回落，究其原因，在于三方面：其一，锂离子电池的材料研发已趋于成熟，达到一定的技术壁垒，很难有突破性的技术产生；其二，受全球新冠疫情影响，各产业发展步入保守期；其三，受主要国家或地区新能源政策影响，产业发展逐步趋稳。

---

[1] 由于专利公开的滞后性，2022 年以后数据低于实际数据。

(a) 电解质领域

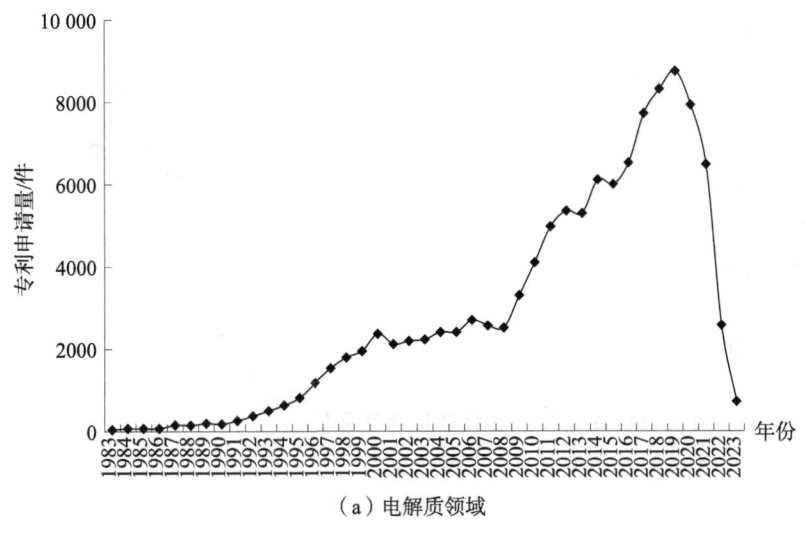

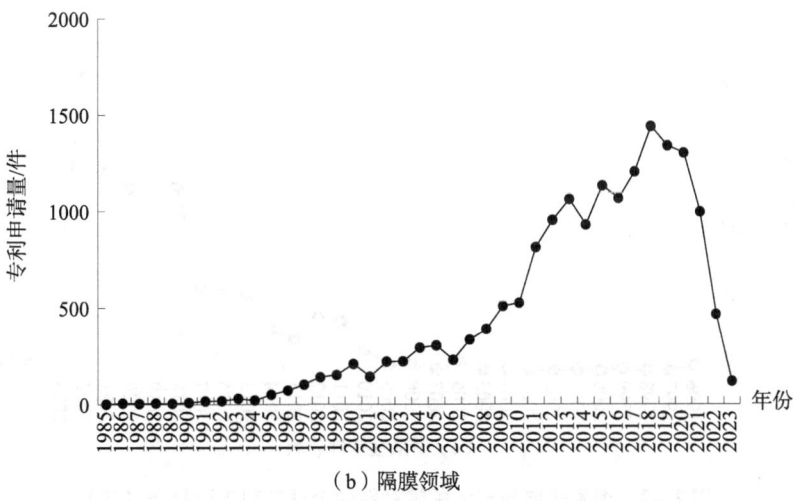

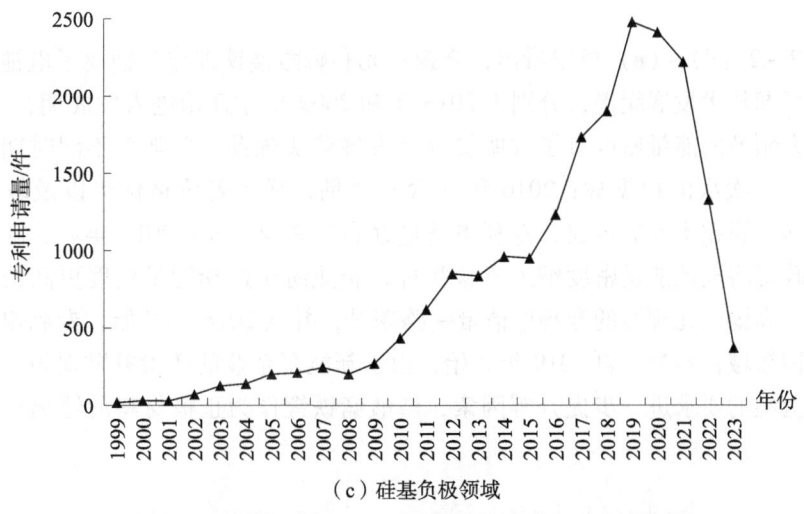

(b) 隔膜领域

(c) 硅基负极领域

图2-2 锂离子电池五大关键材料的全球专利申请趋势

(d) 高镍三元领域

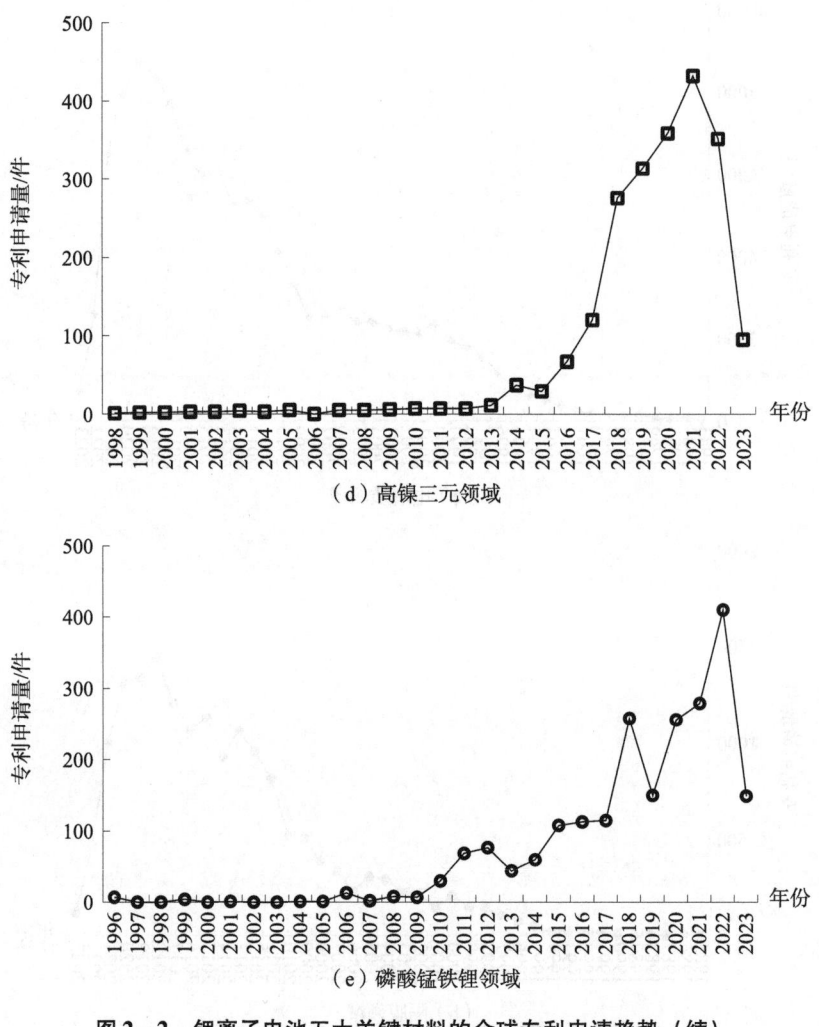

(e) 磷酸锰铁锂领域

图 2-2　锂离子电池五大关键材料的全球专利申请趋势（续）

从图 2-2（d）~（e）可以看出，高镍三元和磷酸锰铁锂作为锂离子电池的新兴正极材料，早期技术发展缓慢，分别于 2013 年和 2009 年才开始进入发展期；自 2015 年起，因两大领域的能量密度有了大幅提高而发展势头强劲，并随着不同时期政策的出台，经历了一次次的拉锯战；2016 年（含）之前，凭借着价格优势以及较高的安全性，磷酸锰铁锂技术发展迅速，专利申请量远高于高镍三元；2016 年后，随着我国电动车补贴政策将电池能量密度纳入考核指标，企业纷纷选择能量密度更高的高镍三元技术路线，高镍三元领域的专利申请量一路飙升，并从 2018 年开始，专利申请量超过磷酸锰铁锂领域；不过，自 2019 年开始，由于新能源企业的政策补贴退坡，叠加市场对电池安全性的要求进一步提升等因素，磷酸锰铁锂作为正极材料的锂离子电池再次

崛起，专利申请量有追赶并反超高镍三元领域的势头。❶

2. 全球专利技术主要集中在电解质领域，硅基负极、隔膜领域次之，日本企业占据绝对优势，韩国企业实力不容小觑，中国企业在磷酸锰铁锂和高镍三元领域展现出一定的技术先发优势

图2-3分别展示了锂离子电池五大关键材料领域的全球、境外和境内专利储备量❷的技术分布情况。由图2-3（a）可以看出，在全球专利储备量中，电解质领域的专利申请数量最多，专利储备总量达62 792件，技术最为成熟，占五大关键材料领域专利储备量之和的69.9%；其次是硅基负极（13 781件）和隔膜（10 006件），分别占五大关键材料领域专利储备量之和的15.4%和11.1%；而磷酸锰铁锂和高镍三元作为新兴正极材料，全球专利储备量尚少，专利储备总量分别为1627件、1563件，分别仅占五大关键材料领域专利储备量之和的1.8%和1.7%。由图2-3（b）和图2-3（c）可以看出，境外和境内也展现出了相同的专利技术构成分布情况，即无论境外还是境内，电解质领域的专利储备总量最多，硅基负极和隔膜领域的专利储备总量次之，磷酸锰铁锂和高镍三元2个领域的专利储备总量较少。不过值得指出的是，相比之下，在境内，磷酸锰铁锂和高镍三元2个领域的重要专利占比较高，分别达到了5.4%和5.7%，并且磷酸锰铁锂和高镍三元领域的全球专利储备总量的80%和88%均来自中国境内，反映出中国境内在磷酸锰铁锂和高镍三元领域具有一定的技术先发优势。

表2-1展示了锂离子电池五大关键材料在中国、美国、日本、韩国和欧洲5个主要国家/地区的专利技术分布情况。由表2-1可以看出，在专利技术实力方面，日本企业在电解质领域占据绝对优势，无论专利储备总量、有效专利总量，还是重要专利总量，均大幅领先其他国家/地区，专利储备总量达31 546件，是中国的2.7倍，是韩国的3.6倍；有效专利总量达19 061件，分别是中国和韩国的3.3倍和3.5倍；重要专利数量达12 219件，是排名第二的韩国的3.4倍，排名第三的美国的4.2倍。韩国企业和美国企业综合实力分别排名第二和第三；中国企业专利储备总量虽然排名第二，但重要专利占比❸较低，仅942件。在硅基负极领域，日本企业同样取得了不俗的成绩，专利储备总量（2564件）虽略低于韩国企业（2727件），但有效专利总量（1725件）、重要专利总量（1109件）均高于韩国（有效专利总量1443件、重要专利总量829件）；中国企业重要专利数量排名第三，共535件。在隔膜领域，日本企业和韩国企业的技术产出实力处于伯仲之间，韩国企业总体上略胜一筹，专利储备总量分别为2627件和2718件，有效专利总量分别具有1769件和1813件，重要专利总量分别具有1284件和1371件；中国企业虽然专利储备总量和有效专利总量与日韩企业差距不大，但重要专利总量不到日韩企业的1/4。由此可见，电解质、隔膜和硅基负极领域的核心专利大部分掌握在日韩企业手中，中国企业除电解质领域外，在隔膜和硅基负极2个

---

❶ 顾国洪. 磷酸铁锂、高镍三元、无钴电池谁主沉浮？：动力电池材料技术路线研究［EB/OL］.［2023-10-09］. https：//zhuanlan. zhihu. com/p/437207478.

❷ 专利储备量包括有效专利量及在审状态下的专利申请量，下同。

❸ 重要专利占比指重要专利数量占有效专利总量的百分比。

领域，无论是专利储备总量还是有效专利总量在 5 个主要国家/地区均位于前列，但重要专利占比偏低，应加强高质量专利挖掘与培育。

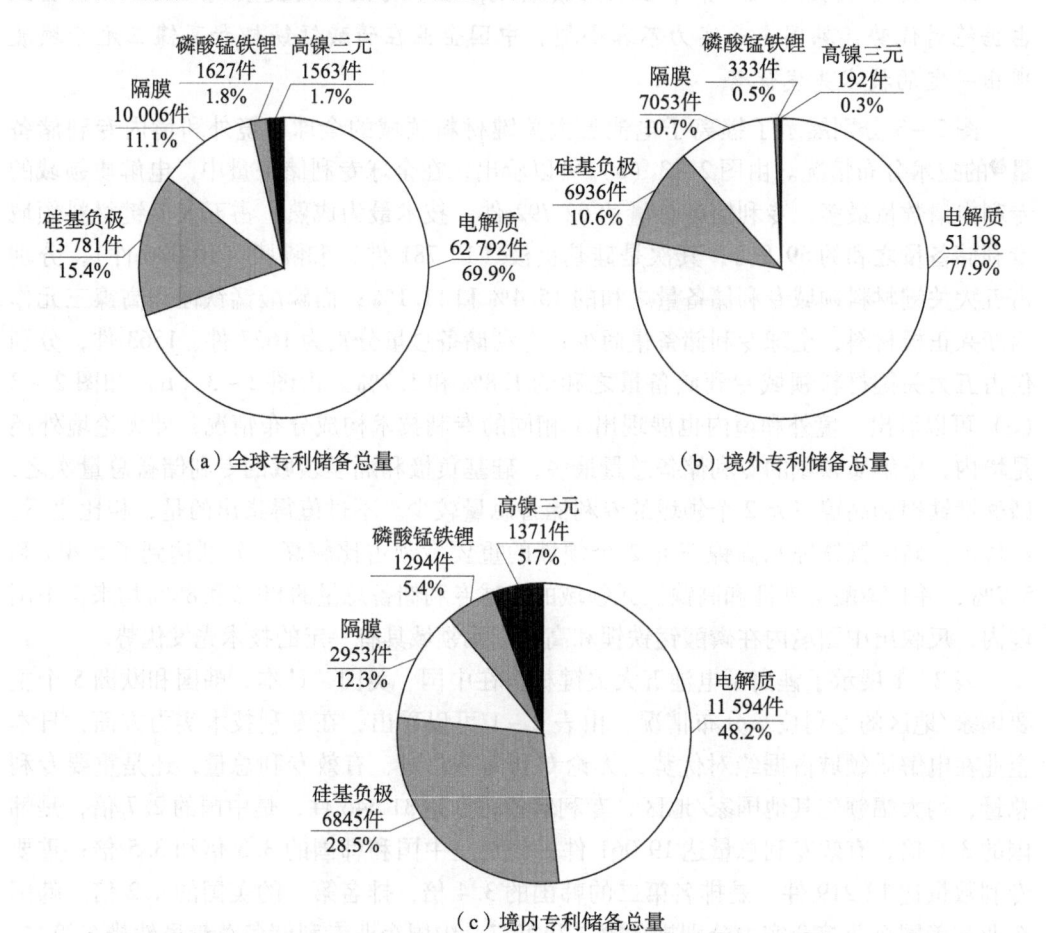

（a）全球专利储备总量

- 磷酸锰铁锂 1627件 1.8%
- 高镍三元 1563件 1.7%
- 隔膜 10 006件 11.1%
- 硅基负极 13 781件 15.4%
- 电解质 62 792件 69.9%

（b）境外专利储备总量

- 磷酸锰铁锂 333件 0.5%
- 高镍三元 192件 0.3%
- 隔膜 7053件 10.7%
- 硅基负极 6936件 10.6%
- 电解质 51 198件 77.9%

（c）境内专利储备总量

- 高镍三元 1371件 5.7%
- 磷酸锰铁锂 1294件 5.4%
- 隔膜 2953件 12.3%
- 硅基负极 6845件 28.5%
- 电解质 11 594件 48.2%

图 2-3 锂离子电池五大关键材料的全球、境外和境内专利储备量的技术分布情况❶

表 2-1 锂离子电池五大关键材料五局/地区技术分布情况

技术领域	技术来源国家/地区	专利储备总量（件）	专利有效总量（件）	重要专利总量（件）	重要专利占比（%）
电解质	日本	31 546	19 061	12 219	64.1
	中国	11 594	5701	942	16.5
	韩国	8828	5466	3545	64.9
	美国	6993	3838	2940	76.6
	欧洲	3350	1590	1309	82.3

---

❶ 因四舍五入修约情况，各分项百分比之和可能不等于100%。

续表

技术领域	技术来源国家/地区	专利储备总量（件）	专利有效总量（件）	重要专利总量（件）	重要专利占比（%）
硅基负极	中国	6845	3380	535	15.8
	韩国	2727	1443	829	57.4
	日本	2564	1725	1109	64.3
	美国	1116	527	378	71.7
	欧洲	412	192	165	85.9
隔膜	中国	2953	1793	314	17.5
	韩国	2718	1813	1371	75.6
	日本	2627	1769	1284	72.6
	美国	1210	678	550	81.1
	欧洲	454	173	138	79.8
磷酸锰铁锂	中国	1294	467	77	16.5
	美国	120	52	44	84.6
	日本	75	39	17	43.6
	韩国	59	49	33	67.3
	欧洲	60	31	25	80.6
高镍三元	中国	1371	603	34	5.6
	美国	113	25	10	40.0
	韩国	41	15	4	26.7
	日本	21	11	3	27.3
	欧洲	14	2	1	50.0

磷酸锰铁锂和高镍三元2个技术领域，由于政策红利以及新能源市场对电池能量密度、续航能力的更高需求，一直是中国企业的重要战略研究方向。相比国外企业，中国企业在磷酸锰铁锂和高镍三元2个领域拥有更多的专利技术产出，专利储备总量分别为1294件和1371件，明显高于其他国家/地区，其中美国企业在磷酸锰铁锂和高镍三元2个领域的专利储备总量分别为120件和113件，而其他国家/地区的企业在该2个领域的专利储备总量均不足百件，并且中国企业在该2个领域的重要专利总量也领先其他国家/地区。不过值得指出的是，中国企业在磷酸锰铁锂和高镍三元2个领域的专利技术，大部分为中国专利/专利申请。而随着锂电原材料的价格跳涨以及新能源汽车更高续航里程的需求，全球动力电池企业加大研发高镍低钴以及无钴电池，日韩企业也一直专注于三元电池路线，2023年9月三星SDI首次对外推出磷酸锰铁锂离子电池，韩国另外两大电池企业LG新能源与SK·ON都已确定布局磷酸铁锂离子电池，美

国企业也开始看好磷酸锰铁锂离子电池，相信未来磷酸锰铁锂和高镍三元市场的全球竞争势必愈演愈烈，中国企业应抓住技术先发优势，尽快抢占海外市场空白。

（三）重点创新主体情况

通过分别对锂离子电池五大关键材料领域的全球专利储备量进行创新主体排名，可以进一步验证得出，日韩企业在电解质、隔膜和硅基负极三个领域占据优势，中国在磷酸锰铁锂和高镍三元两个领域具备一定先发甚至领先优势。

图2-4展示了锂离子电池五大关键材料全球专利储备的重点创新主体情况。由图2-4（a）可知，在电解质领域，专利储备量排名前十的创新主体，专利储备量之和占全球电解质领域专利储备总量的34.5%，展现出较高的技术集中度，其中来自日

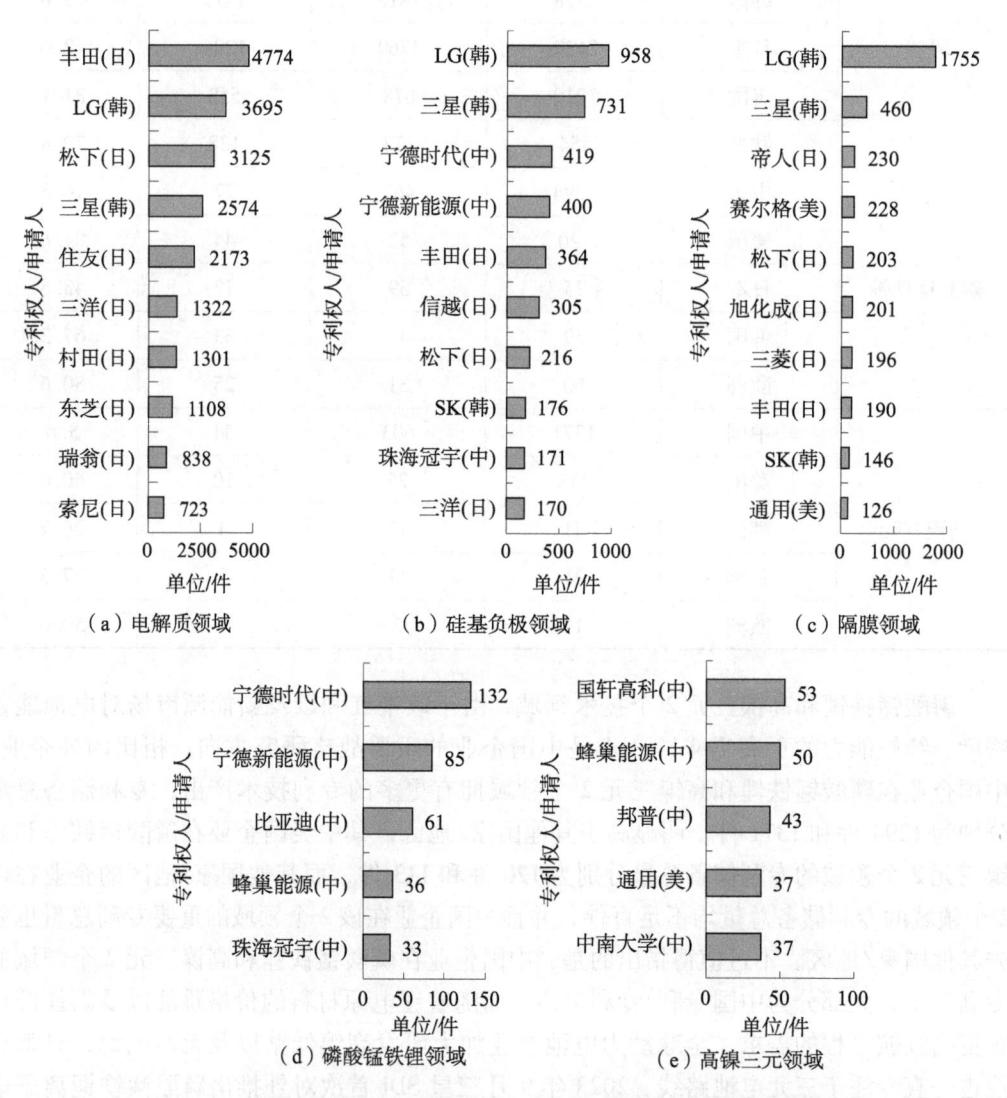

（a）电解质领域

专利权人/申请人	件数
丰田（日）	4774
LG（韩）	3695
松下（日）	3125
三星（韩）	2574
住友（日）	2173
三洋（日）	1322
村田（日）	1301
东芝（日）	1108
瑞翁（日）	838
索尼（日）	723

（b）硅基负极领域

专利权人/申请人	件数
LG（韩）	958
三星（韩）	731
宁德时代（中）	419
宁德新能源（中）	400
丰田（日）	364
信越（日）	305
松下（日）	216
SK（韩）	176
珠海冠宇（中）	171
三洋（日）	170

（c）隔膜领域

专利权人/申请人	件数
LG（韩）	1755
三星（韩）	460
帝人（日）	230
赛尔格（美）	228
松下（日）	203
旭化成（日）	201
三菱（日）	196
丰田（日）	190
SK（韩）	146
通用（美）	126

（d）磷酸锰铁锂领域

专利权人/申请人	件数
宁德时代（中）	132
宁德新能源（中）	85
比亚迪（中）	61
蜂巢能源（中）	36
珠海冠宇（中）	33

（e）高镍三元领域

专利权人/申请人	件数
国轩高科（中）	53
蜂巢能源（中）	50
邦普（中）	43
通用（美）	37
中南大学（中）	37

图2-4　锂离子电池五大关键材料全球专利储备的重点创新主体情况

本的创新主体有八位，来自韩国的创新主体有两位；由图2-4（b）可知，在硅基负极领域，专利储备量排名前十的创新主体中，有四位来自日本，三位来自韩国，中国的宁德时代、宁德新能源和珠海冠宇也均有上榜；由图2-5（c）可知，在隔膜领域，专利储备量排名前十的创新主体中，来自日本和韩国的创新主体分别为五位和三位，美国的隔膜巨头赛尔格、汽车龙头通用分别排名第四位和第十位，韩国的LG展现出绝对的专利技术储备优势；由图2-4（d）和（e）可知，在磷酸锰铁锂和高镍三元领域，技术集中度还不高，各创新主体的专利储备量尚且不多，并且全球专利储备量排名前五的创新主体，基本都来自中国，仅美国通用一家国外企业在高镍三元领域的全球专利储备量排名前五的榜单中占有一席之位。由此可以进一步反映出，日本韩国企业在电解质、隔膜和硅基负极领域占据专利技术优势，而我国企业在磷酸锰铁锂和高镍三元领域拥有一定的专利技术先发优势。

二、重点市场专利风险评估及深圳风险抵御能力分析

根据电化学储能锂离子电池关键材料领域专利分布情况，并结合对深圳电化学储能产业及企业的调研结果发现，中国、日本、韩国、美国和欧洲为该产业主要市场国家/地区，澳大利亚、印度、巴西、东盟、中东及非洲等国家/地区为该产业新兴、潜力市场，也是深圳企业重点关注的市场。因此针对上述重点市场开展专利风险评估，并对深圳在上述重点市场的风险抵御能力开展分析具有重要意义。

（一）重点市场专利风险评估

1. 主要风险源

对全球锂离子电池五大关键材料的专利有效量、专利储备量、重要专利量等指标进行综合对比分析，得出深圳发展锂离子电池五大关键材料需要重点关注的竞争对手多数为日本头部企业，此外韩国和我国境内也各有两家企业需要特别关注。这些企业在五大主要市场专利布局密集，重要专利也较多，发起专利诉讼的概率大、风险高。

表2-2展示了电化学储能锂离子电池五大关键材料的全球重点竞争对手的专利布局情况。如表2-2所示，全球专利有效量超过400件且专利储备量超过500件的企业共有16家，其中日本企业有12家，韩国和我国各有2家。这些企业均在中国、日本、韩国、美国和欧洲等国家/地区进行了密集的专利布局并且掌握大量的重要专利，它们有的是诸如丰田、日产这类耳熟能详的车企，由于处在新能源汽车赛道，必不可少提前进行了专利布局；有的是看好锂离子电池产业发展，早就深耕于此的各国行业巨头和细分领域翘楚，如领先正极材料研发的住友、负极水性黏结剂的龙头瑞翁、一度掌握用于纯电动汽车电解液世界首位份额的三菱、锂电池隔膜的龙头企业旭化成、主攻锰酸锂和磷酸铁锂领域已有百余年历史的汤浅、掌握着隔膜材料核心专利的LG等；还有的是上下游产业链或相近产业的领先企业，凭借着自身原有产业优势延伸发展，取

得技术优势并占据市场，如家电行业跨国企业松下、全球硅产业绝对龙头信越化学、手机巨头三星等。

表2-2　锂离子电池五大关键材料重点竞争对手的专利布局情况　　　单位：件

国家	企业	专利有效量	专利储备量	重要专利量
韩国	LG	4458	6673	3844
	三星	2387	3515	1340
日本	丰田	2058	2754	1042
	松下	1351	3069	633
	住友	1191	1846	691
	索尼	985	1287	409
	三菱	879	1220	581
	东芝	714	784	483
	三洋	684	1121	353
	瑞翁	651	961	495
	日产	646	852	450
中国	宁德时代	585	1032	290
	ATL	510	1121	123
日本	信越化学	462	524	299
	旭化成	461	703	293
	汤浅	408	656	213

图2-5展示了上述16家全球重点竞争对手在主要市场的重要专利分布情况。如图2-5所示，韩国的LG综合实力最强，在五大主要市场均布局有大量的重要专利，重要专利数量都在500件以上；韩国的三星、日本的丰田和松下的技术实力也不容小觑，在中国、日本、韩国和欧洲都拥有较多重要专利，重要专利数量基本在100件以上；日本的住友、索尼、三菱、东芝、瑞翁、日产、信越化学及旭化成，虽然在美国和欧洲市场的重要专利占比不高，但在中国、日本和韩国市场拥有不少重要专利；日本的三洋和汤浅除本国市场外，在中国和欧洲市场拥有一定数量的重要专利；中国的宁德时代和ATL在5个主要市场/地区均布局有重要专利，其中宁德时代在中国、美国和欧洲市场的重要专利量均在50件以上，ATL在中国的重要专利有87件，在其他四个市场的重要专利数量则不到20件。

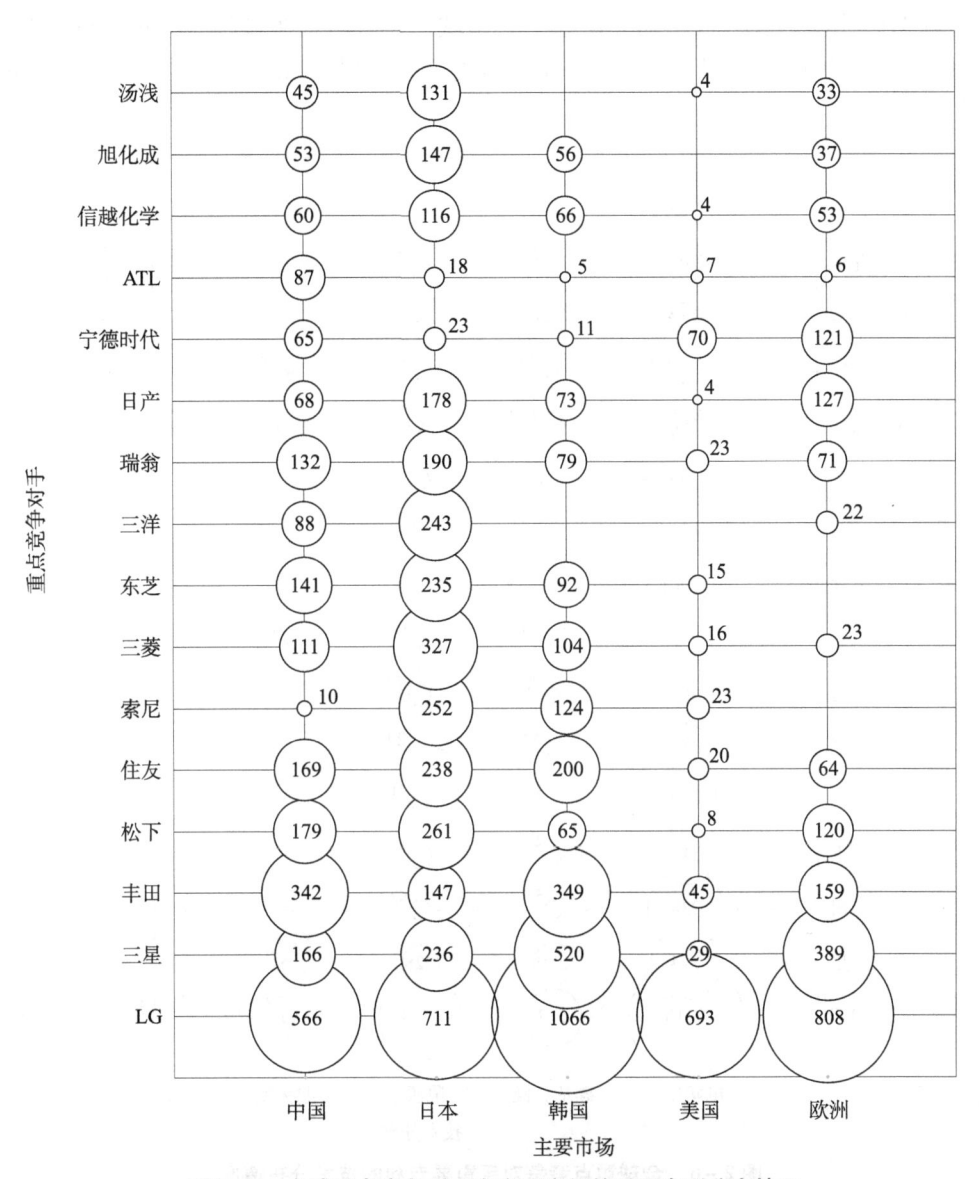

重点竞争对手	中国	日本	韩国	美国	欧洲
汤浅	45	131		4	33
旭化成	53	147	56		37
信越化学	60	116	66	4	53
ATL	87	18	5	7	6
宁德时代	65	23	11	70	121
日产	68	178	73	4	127
瑞翁	132	190	79	23	71
三洋	88	243			22
东芝	141	235	92	15	
三菱	111	327	104	16	23
索尼	10	252	124	23	
住友	169	238	200	20	64
松下	179	261	65	8	120
丰田	342	147	349	45	159
三星	166	236	520	29	389
LG	566	711	1066	693	808

图 2-5　全球重点竞争对手在主要市场的重要专利分布情况

注：图中数据表示专利量，单位为件。

图 2-6 展示了上述 16 家全球重点竞争对手重要专利的技术分布情况。如图 2-6 所示，全球重点竞争对手中，大部分企业的专利集中在电解质、硅基负极和隔膜三个领域，尤其是电解质领域，日本企业起步最早，市场占有率高，企业凭借领先的专利储备和大量的核心技术，较其他国家拥有更多的技术话语权；韩国的 LG 和三星在电解质、硅基负极和隔膜领域的专利技术实力也都较为突出，重要专利均在 200 件以上；日本的信越化学在硅基负极领域也具备一定的技术优势，重要专利量达 163 件；中国的宁德时代在磷酸锰铁锂领域全球领先，拥有重要专利 40 件，远超其他企业。通过纵向对比分析，韩国的 LG 和三星在磷酸锰铁锂领域也具备一定的技术积累，在该两个领

域的重要专利都超过 10 件；而在高镍三元领域，暂未出现明显领先的重点竞争对手，相较而言，韩国的 LG、日本的日产和中国的 ATL 稍微突出，但重要专利量均不足 5 件。

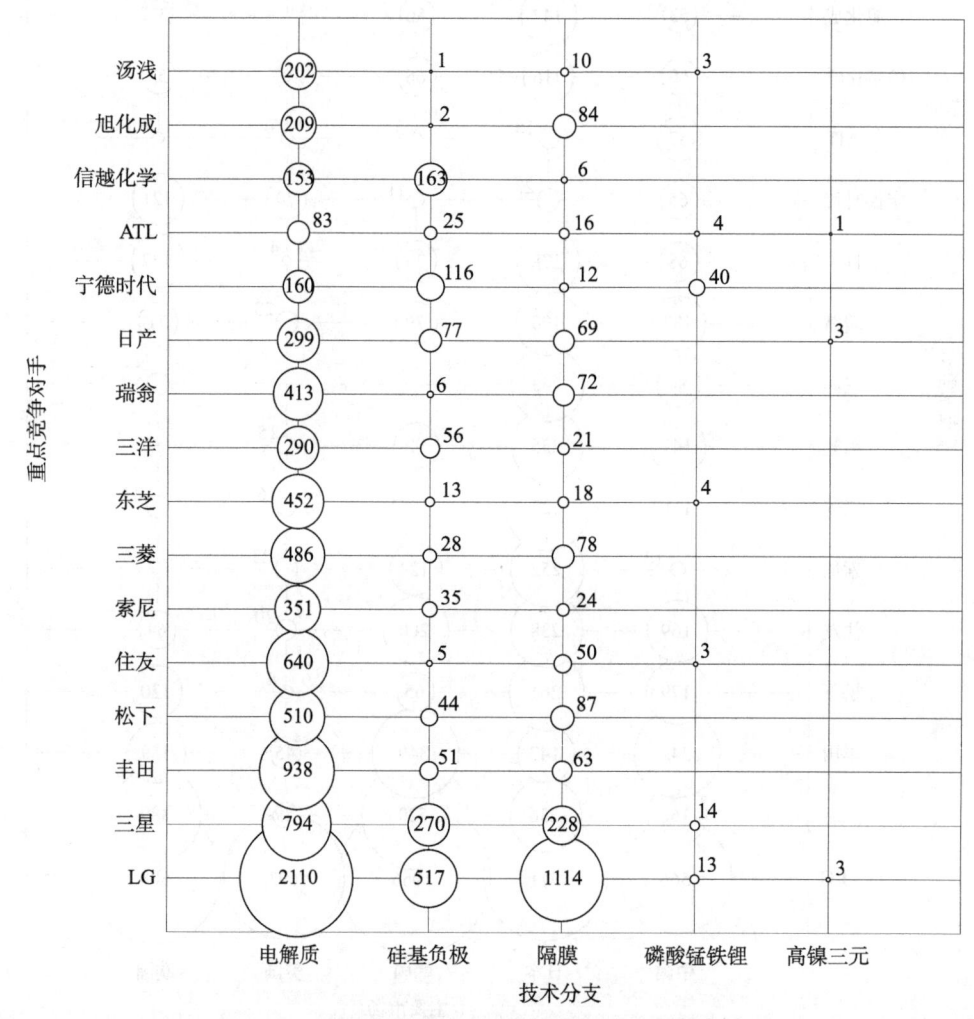

图 2-6　全球重点竞争对手重要专利的技术分布情况

注：图中数据表示专利量，单位为件。

根据对这些企业的全面调查，它们中部分企业还有过以下企业并购、合资、专利诉讼等行为，预计将来发起专利战的概率偏大，具体可分为以下两类情形：

第一类企业惯于并购之手段，试图通过专利技术实力的绝对领先占据市场主动权。例如 1923 年就开始研发电池的松下，早在 2009 年便收购了三洋极为强势的充电电池业务，此举帮助松下进一步巩固了锂离子电池的技术基础，更为松下争取到了特斯拉独家供应商的身份，松下本身就在该行业具备领先的专利储备和技术实力，加上三洋的电池专利储备，松下的有效专利总量已超过 2000 件，其中近一半为重要专利。另外，特别需要注意的是，松下在我国的 63 件重要专利归属于旗下知识产权运营公司，而我国是松下仅次于其本国市场进行专利布局最多的国家,且松下和三洋本身已在海外发起过不少的专利诉讼;此外,松下还于2020年4月联合丰田成立了一家主攻车载方形锂离子电池的企业——泰星能源,其总部设于日本东京并在中国设立分公司。数据显示,该企业于2021年8月开始已陆续在我国布局65件发明专利,鉴于松下和丰田在锂离子电池行业的技术积累,该公司也应当作为松下和丰田旗下需要重点监测的主体对象之一。此外,如隔膜材料第一话语权人旭化成,本身在锂离子电池领域技术实力雄厚,诺贝尔化学奖获得者吉野彰[1]是该公司科学专家。该企业于2015年收购了美国锂电隔膜巨头赛尔格,后者从2013年开始,陆续以专利侵权为由将LG化学、SK、住友以及深圳的星源材质等企业告上法庭。这类企业通过并购等形式不断增强自身技术实力,本身在诉讼方面活跃程度高,或将来或正在为抢夺市场对深圳企业发起专利诉讼。

第二类企业则通过强强联合成立新的公司或凭借自身强大的专利技术储备,专利诉讼、转让运营等试探性动作不断。例如,三菱联合日本老牌化工企业宇部兴产在中国和日本均合资成立了电解液业务的公司,在德国起诉宁德时代专利侵权的MU电解液株式会社就是其中之一,此外宇部兴产也多次在美国对我国的比亚迪、珠海冠宇等企业发起电解质领域的专利侵权诉讼,据了解,宇部兴产本身也是三菱UFJ金融集团的成员。日产曾在2007年与日本储能巨头NEC合资成立了一家电池企业,其技术实力毋庸置疑。在专利布局方面,日产除在日本进行大量专利布局外,在欧洲和我国也有不少专利布局,专利数量和质量均处于较高水平;此外,日产自2011年以来,仅在美国已提起20起专利诉讼。全球最早量产三元正极材料的LG,早前由于团队中缺乏电池相关的专业人员,也曾试图和日本公司建立合作,虽最终未成功,但依赖自身雄厚的资金投入,其专利有效量、专利储备量、重要专利量等核心指标均已遥遥领先于其他企业,且如图2-5所示,LG在五大主要市场均拥有很多重要专利,而LG也是发起专利诉讼的熟人,并且已在美国就安全性强化隔膜将ATL告上法庭。除了国外头部企业,我国的ATL和宁德时代也值得注意,这两家企业本身存在千丝万缕的关系。宁德时代于2015年才完全从ATL剥离,而ATL背后是日本的TDK,也是锂电行业一家颇有名气的日企,据了解,ATL下辖子公司东莞新能源和宁德新能源已多次在国内就锂离子电池专利技术发起诉讼。而宁德时代在保护知识产权方面更是毫不手软,利用诸如不正当竞争、专利纠纷、竞业协议等手段,宁德时代已经多次"手撕"友商,对象包括蜂巢能源、塔菲尔新能源公司以及中创新航科技集团股份有限公司等中国企业。

以上企业专利技术实力突出,专利有效维持率高,重要专利占比大,本身技术实力强,已有过不少专利诉讼行为,未来可能在全球各地发起专利诉讼。深圳乃至我国企业应当优先对其潜在专利风险进行持续监测,未雨绸缪。

2. 各重点市场还需重点关注的风险源

在电化学储能锂离子电池五大关键材料领域,除前文提及的16家全球重点竞争对手以外,在各重点市场还分布有不少具有核心竞争力的企业,深圳企业在进入相应市

---

[1] 吉野彰被称为"锂离子电池之父",因在锂离子电池领域作出的开创性贡献,获得2019年诺贝尔化学奖。

场时同样应当重点关注。

（1）中国市场

表2-3展示了在中国市场除上文提及的16家企业外，在锂离子电池五大关键材料领域专利储备量较多的企业情况。如表2-3所示，日本的村田制作所、富士、TDK、NEC、帝人以及德国的罗伯特·博世在中国市场也有较多的专利储备，数量均在300件以上，有效专利占比高，均在40%以上。其中，NEC的有效专利占比高达78.4%；远景AESC的专利储备量虽不及上述企业，仅177件，但重要专利较多，有151件，且有效专利占比名列前茅，为92.1%；在重要专利方面，村田制作所有327件，富士、TDK、NEC、帝人、远景AESC和罗伯特·博世的重要专利量也均为100~200件，技术实力可见一斑。

表2-3 中国市场还需重点关注的企业情况

国家	企业	专利储备量（件）	有效专利占比（%）	重要专利量（件）
日本	村田制作所	530	51.7	327
德国	罗伯特·博世	464	44.4	106
日本	富士	452	56.6	156
日本	TDK	433	52.2	107
日本	NEC	421	78.4	197
日本	帝人	350	59.1	147
日本	远景AESC	177	92.1	151

图2-7展示了上述中国市场还需重点关注企业在主要市场的重要专利分布情况。如图2-7所示，这些企业存在一个共同特点，便是尤为关注中国市场。村田制作所在中国的重要专利布局甚至多于本国，该企业原本就是电子元器件龙头，在2016年收购了索尼的电池业务，索尼在世界上首次实现了锂离子电池的商品化，其电池研发能力首屈一指，村田制作所在我国的重要专利中有200件由索尼转让而来，而村田制作所也属于较善于通过发起专利诉讼战争抢市场的企业之一。全球第一大汽车技术供应商罗伯特·博世，在电动汽车领域一直野心勃勃，于2021年与三星达成合作意向，共同开发电动汽车用锂离子电池，而后牵手三菱和汤浅，试图打造新一代子电池技术。TDK本身在电子原材料及元器件领域占据领导地位，是宁德时代曾经的母公司ATL的全资控股公司，其锂离子电池专利技术储备也不少，有433件，且在我国的专利布局仅次于其母国，结合ATL在我国锂离子电池产业频频发起专利诉讼的现状，足以可见对我国市场的关注。远景AESC正是前文提及的由日产和NEC合资成立的电池企业，之后便成为全球电池巨头，后又被中国远景集团收购，而NEC在锂离子电池领域也动作频繁，2022年向韩国电池三巨头之一的SK公司转让了4件美国专利和1件中国同族专利，而我国是其除母国外唯一布局了重要专利的国家。掌握隔膜材料核心专利的帝人，则通过与我国企业恩捷达成战略合作的形式，多次通过后者在我国就隔膜领域专利技术发起诉讼。

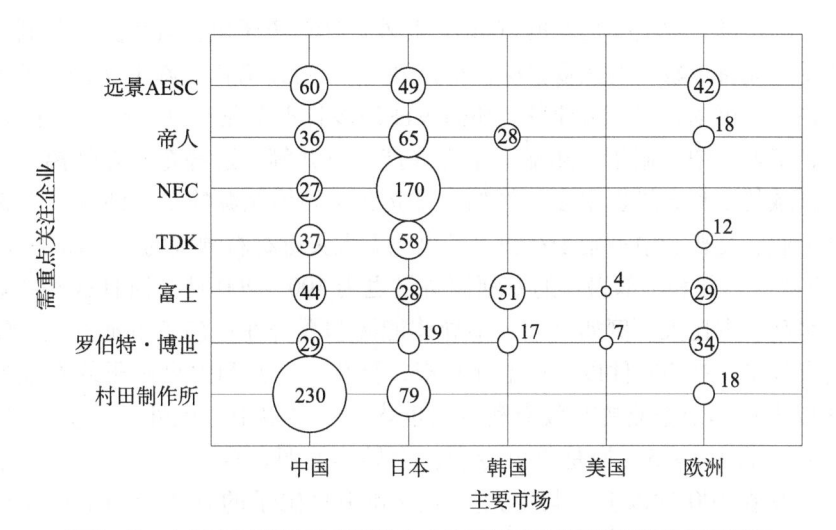

图 2-7　中国市场还需重点关注企业在主要市场的重要专利分布情况

注：图中数据表示专利量，单位为件。

图 2-8 展示了上述中国市场还需重点关注企业重要专利的技术分布情况。如图 2-8 所示，这些企业的重要专利技术主要集中在电解质、硅基负极和隔膜领域，尤其在电解质领域，都具备一定的技术优势。此外，NEC 在硅基负极领域重要专利较多，为 49 件；隔膜巨头帝人在隔膜领域的领先优势显著，掌握的重要专利达 90 件；而在磷酸锰铁锂和高镍三元领域，仅 NEC 和村田制作所拥有少量的重要专利。

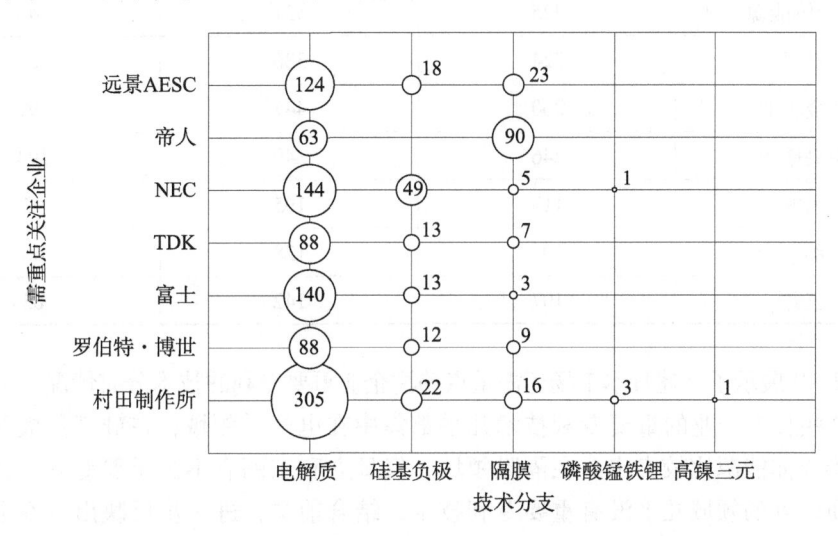

图 2-8　中国市场还需重点关注企业重要专利的技术分布情况

注：图中数据表示专利量，单位为件。

（2）日本市场

日本作为把锂离子电池技术真正发展起来并推向商业化应用的国家，在锂离子电池产业拥有非常雄厚的技术基础，在该产业具备专利技术优势的企业非常多。表 2-4

展示了在日本市场,除上文提及的 16 家企业外,在锂离子电池五大关键材料领域专利有效量及专利储备量较多的企业情况。根据表 2-4 可以看出,除上文提及的重点日本企业外,在日本市场开展相关业务,还需关注许多日本企业,包括日立、半导体能源、夏普、大金工业、中央硝子、东丽、宇部兴产、三井等,这些企业在锂离子电池五大关键材料领域的专利布局也很多。例如,日立和半导体能源的专利储备量为 500~700件;大金工业、夏普和中央硝子在锂离子电池五大关键材料领域的专利储备量为 300~450 件;东丽、三井和宇部兴产的专利储备量也为 100~200 件。而且这些企业的有效专利维持率高、占比大,例如日立、半导体能源和夏普在锂离子电池五大关键材料领域的专利有效量均在 300 件以上;宇部兴产、夏普、三井和中央硝子的有效专利占比均在七成以上;其余企业的有效专利占比也均在一半以上。此外,在重要专利方面,日立的有效专利中 99.5% 均是重要专利;半导体能源、夏普、大金工业和中央硝子的重要专利均在 100 件以上,其中大金工业和中央硝子的有效专利中重要专利占比也较高,均在 75% 以上;东丽虽然重要专利不到 100 件,但有效专利中重要专利占比高达 81.4%;宇部兴产和三井的有效专利中重要专利占比也较高,分别为 62.4% 和 58.9%。

表 2-4 日本市场还需重点关注的企业情况 单位:件

企业	专利有效量	专利储备量	重要专利量
日立	366	660	364
半导体能源	325	531	140
夏普	324	386	134
大金工业	260	447	197
中央硝子	246	349	194
东丽	113	195	92
宇部兴产	109	128	68
三井	107	142	63

图 2-9 展示了上述日本市场还需重点关注企业重要专利的技术分布情况。由图 2-9 可知,这些日本企业的重要专利技术几乎都集中在电解质领域;在硅基负极领域,仅日立和半导体能源比较突出;在隔膜领域,仅日立和东丽有不少重要专利;其他企业在电解质以外的领域几乎没有重要专利技术,结合前文,进一步反映出日本电解质领域的竞争风险极大。其中,日立在电解质领域的重要专利积累尤为突出,多达 302 件;此外,大金工业、中央硝子、夏普和半导体能源几家企业在电解质领域的重要专利也均超过 100 件,在电解质领域的专利技术实力同样不容小觑。

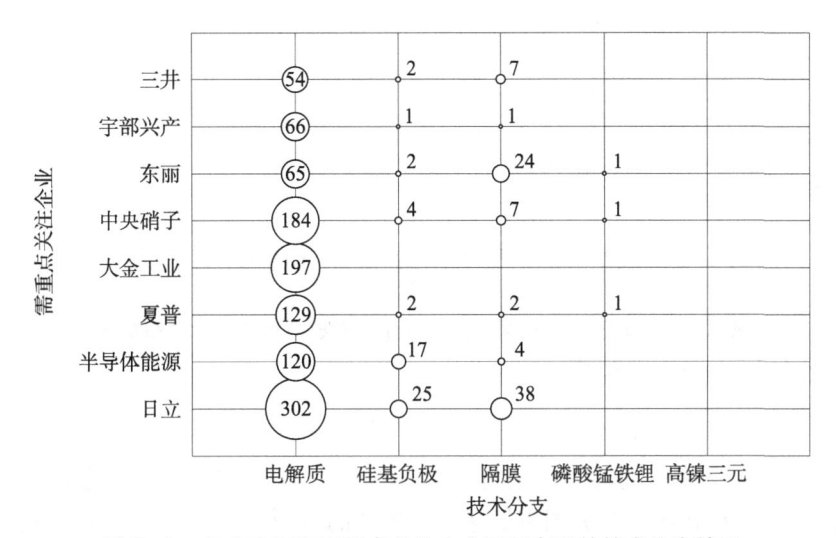

报告二 深圳市电化学储能产业关键材料专利技术和市场风险分析报告

需重点关注企业	电解质	硅基负极	隔膜	磷酸锰铁锂	高镍三元
三井	54	2	7		
宇部兴产	66	1	1		
东丽	65	2	24	1	
中央硝子	184	4	7	1	
大金工业	197				
夏普	129	2	2	1	
半导体能源	120	17	4		
日立	302	25	38		

图 2-9 日本市场还需重点关注企业重要专利的技术分布情况

注：图中数据表示专利量，单位为件。

（3）韩国市场

韩国头部企业虽然稍晚于日本发展锂离子电池技术，但早早看准该市场利润丰厚，并积极吸收、引进并布局锂离子电池专利技术，快速实现了扩规模、上产能、压价格和抢市场。

表 2-5 展示了在韩国市场除上文提及的 16 家企业外，在锂离子电池五大关键材料领域专利有效量及专利储备量较多的企业情况。如表 2-5 所示，在韩国市场还需重点关注企业分别为起亚和 SK，其中起亚是韩国历史上第一家汽车制造商，SK 则与 LG 和三星并称为"韩国电池三巨头"，它们都在其本国市场布局了较多的锂离子电池专利技术，专利储备量均在 150 件以上，专利有效量分别为 95 件和 83 件，重要专利量均在 50 件左右。

表 2-5 韩国市场还需重点关注的企业情况 单位：件

企业	专利有效量	专利储备量	重要专利量
起亚	95	276	51
SK	83	153	48

图 2-10 展示了在韩国市场还需重点关注企业重要专利的技术分布情况。如图 2-10 所示，起亚的重要专利几乎集中在电解质领域，为 46 件，另外有 5 件重要专利涉及隔膜技术。SK 的重要专利则主要集中在电解质和隔膜领域，分别为 28 件和 15 件，此外在硅基负极领域也有 5 件重要专利。结合表 2-5 可知，深圳企业进入韩国市场发展时，除上文提到的 16 家主要风险源企业外，还应重点关注起亚和 SK 这两家企业的专利情况，尤其在电解质领域和隔膜领域应当特别关注 SK 的动向。

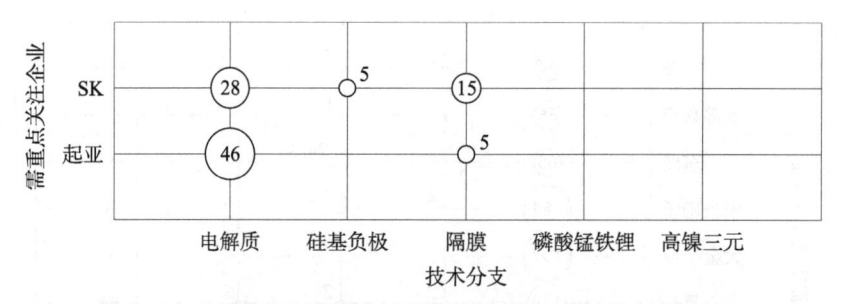

图 2-10 韩国市场还需重点关注企业重要专利的技术分布情况

注：图中数据表示专利量，单位为件。

（4）美国市场

美国作为锂电池技术起源国，由前文可知，主要国家或地区头部企业对其市场关注度极高。表 2-6 展示了在美国市场除上文提及的 16 家企业外，在锂离子电池五大关键材料领域专利有效量及专利储备量较多的企业情况；图 2-11 展示了在美国市场还需重点关注企业重要专利的技术分布情况。如表 2-6 和图 2-11 所示，在美国开拓锂离子电池市场，还应注意通用、半导体能源、起亚、富士、新强能电池和 SK。这六家企业虽然在美国的重要专利不多，其中通用拥有的重要专利为 14 件，其余五家企业的重要专利量为个位数或者 0，且重要专利涉及的技术领域分散在电解质、硅基负极和隔膜领域，仅 SK 有 1 件重要专利涉及磷酸锰铁锂技术。但这六家企业的专利有效量和专利储备量均不少，专利储备量均超过 100 件，其中通用的专利储备量为 217 件，起亚和 SK 的专利储备量分别为 166 件和 157 件；这六家企业的专利有效量也均在 50 件以上，其中通用的专利有效量有 151 件，半导体能源的专利有效量为 94 件。需要特别指出的是，通用和新强能电池是美国本土头部企业，通用于 2023 年 8 月公开投资了电池材料初创企业 Mitra Chem，并声称将共同研发磷酸铁锰锂等材料，而 Mitra Chem 也是美国领先的锂离子电池生产商，2010 年与深圳海太阳实业有限公司联合开发了第四代电池芯，成功用硅碳代替石墨，将石墨负极变成硅基负极电池；半导体能源、起亚、富士和 SK 则是日韩锂离子电池产业耳熟能详的创新主体，在相关领域的技术积累不容小视。

表 2-6 美国市场还需重点关注的企业情况

单位：件

企业	专利有效量	专利储备量	重要专利量
通用	151	217	14
半导体能源	94	131	8
起亚	82	166	4
富士	73	117	4
新强能电池	58	115	0
SK	52	157	1

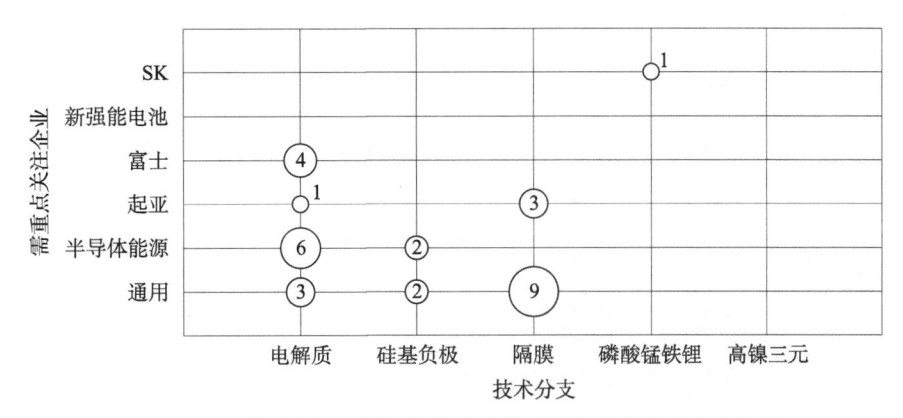

图 2-11 美国市场还需重点关注企业重要专利的技术分布情况

注：图中数据为专利量，单位为件。

（5）欧洲市场

表 2-7 展示了在欧洲市场除上文提及的 16 家企业外，在锂离子电池五大关键材料领域专利有效量及专利储备量较多的企业情况；图 2-12 展示了在欧洲市场还需重点关注企业重要专利的技术分布情况。由表 2-7 和图 2-12 可知，除前文提及的 16 家主要风险源企业，在欧洲开展锂离子电池业务，还应注意 CEA、阿克马、罗伯特·博世、起亚、通用和 SK 这六家创新主体，其中阿克马和 CEA 都是法国锂离子电池行业的头部创新主体，阿克马是法国 PVDF❶ 行业巨头，其有效专利量、专利储备量和重要专利量均排名靠前，CEA 在电解质领域拥有重要专利近百件，阿克马在电解质领域的重要专利也有 44 件；罗伯特·博世作为德国知名企业，毫无意外对欧洲市场最为关注，专利储备量高达 234 件，并且单电解质领域已掌握 31 件重要专利；此外，韩国的起亚和 SK、美国的通用也在欧洲有较多的专利储备，专利储备量均在 120 件以上，虽然有效专利和重要专利占比不大，但结合其行业地位和综合实力，仍然是主要国家或地区在欧洲市场需要特别关注的潜在威胁。

表 2-7 欧洲市场还需重点关注的企业情况　　　　　　　　单位：件

国家	企业	专利有效量	专利储备量	重要专利量
法国	CEA	134	163	96
法国	阿克马	108	177	44
德国	罗伯特·博世	43	234	31
韩国	起亚	42	178	13
美国	通用	27	203	11
韩国	SK	23	124	12

---

❶ PVDF，全称聚偏二氟乙烯，是一种高度非反应性热塑性含氟聚合物，可用作工程塑料，也用作涂料、绝缘材料和离子交换膜材料等，可同时用于锂离子电池正极黏结剂以及隔膜材料。

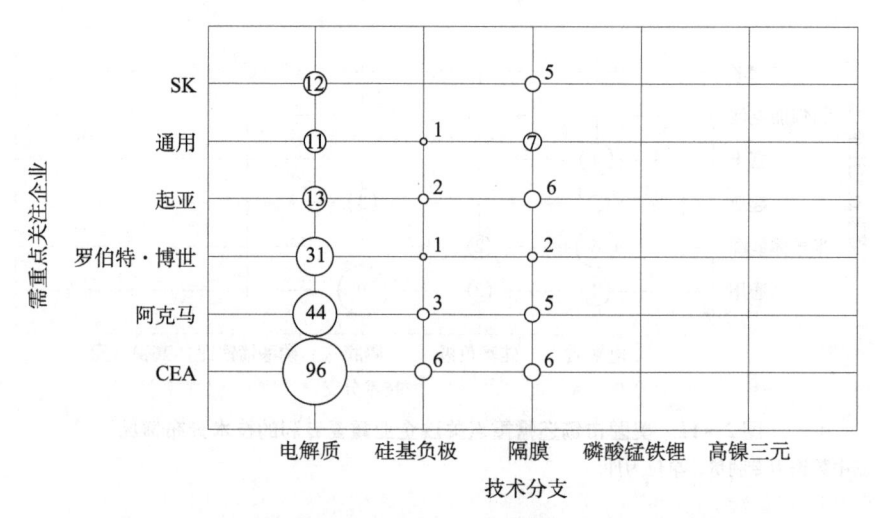

图 2-12 欧洲市场还需重点关注企业重要专利的技术分布情况

注：图中数据表示专利量，单位为件。

（6）潜力市场

澳大利亚、印度、巴西、东盟、中东及非洲等国家/地区作为深圳电化学储能企业重点关注的潜力市场，专利储备量之和刚过千件，主要集中在印度和澳大利亚，分别为692件和282件，主要国家或地区重点企业在这些国家/地区的专利布局都偏少，专利风险不大，其中韩国LG和日本松下专利布局相对较多，可多加关注。根据检索结果，韩国LG是在上述潜力市场进行专利布局最多的企业，有效专利总量和专利储备总量均最多，技术分布上也较广，涵盖电解质（98件）、隔膜（38件）、硅基负极（41件），结合其在市场竞争中"较倾向于发起专利诉讼行为、攻击性较强"的特点，在潜力市场的产业竞争中，需重点关注LG的动向；此外，收购了三洋充电电池业务的日本松下，虽然在潜力市场有效专利总量仅2件，但在审专利数量为101件，这一定程度上反映出松下对潜力市场的重视，同样对各国企业发展潜力市场构成一定潜在威胁。

（二）深圳及其重点企业风险抵御能力分析

1. 深圳专利布局整体情况

（1）国内专利储备主要来自深圳、北京、宁德和上海，其中深圳处于第一梯队

表2-8展示了在锂离子电池五大关键材料领域，中国境内主要城市及其创新主体的专利布局情况。如表2-8所示，深圳是中国境内在锂离子电池五大关键材料领域，拥有专利储备量最多的城市，且相应数量明显多于其他城市，其次分别是北京、宁德和上海，其中深圳以企业申请为主，排名靠前的创新主体均为企业申请人，北京和上海则以高校申请为主，宁德主要依赖两家龙头企业宁德时代和ATL的宁德新能源。

表2-8 中国境内主要城市及其创新主体的专利布局情况　　　　　　　　单位：件

排名	城市	专利有效量	专利储备量	主要创新主体情况
1	深圳	1043	1865	1. 比亚迪 262（101） 2. 新宙邦 94（13） 3. 贝特瑞 87（53） 4. 华为 48（15） 5. 星源材质 45（17） 6. 欣旺达 42（0） 7. 中兴新材 38（9）
2	北京	771	1315	1. 清华大学 128（31） 2. 中国科学院过程工程研究所 76（13） 3. 北京理工大学 69（6） 4. 北京科技大学 60（1） 5. 中国科学院物理研究所 58（9） 6. 中国科学院化学研究所 52（5） 7. 国联汽车 49（10） 8. 卫蓝新能源 39（3）
3	宁德	650	1071	1. 宁德新能源 365（69） 2. 宁德时代 293（51）
4	上海	455	898	1. 恩捷新材料 47（15） 2. 屹锂新能源 39（0） 3. 中国科学院上海硅酸盐研究所 35（4） 4. 上海大学 34（2） 5. 上海交通大学 33（6） 6. 上海杉杉 33（4）

注：主要创新主体所列数据分别为专利有效量及重要专利量。

（2）在中国境内，深圳企业的技术实力整体上占优，创新主体排名中深圳企业上榜最多

表2-9展示了在中国境内，锂离子电池五大关键材料领域专利有效量排名前25位企业主体的专利布局情况。由表2-9可以看出，相较于其他城市，深圳企业在专利方面存在一定技术优势，前25位的企业主体名单中，深圳上榜企业最多，包括比亚迪、新宙邦、贝特瑞、华为、星源材质、欣旺达、中兴新材和比克动力共8家企业，数量明显多于其他城市，而且深圳企业整体上呈现专利储备较多、有效专利占比较高并且

不乏重要专利的特征。如表2-9所示，在中国境内，专利有效量和专利储备量最多的企业依次为ATL、宁德时代、比亚迪、国轩高科和珠海冠宇，专利储备量均在300件以上，有效专利量均在150件以上，其中前三者在锂离子电池五大关键材料领域拥有较多的重要专利，重要专利量均超过50件，尤其以比亚迪最为突出，重要专利量超过百件，在专利技术方面存在较明显优势。

表2-9 中国境内专利有效量排名前25位的企业主体情况　　　单位：件

企业	有效专利量	专利储备量	重要专利量
ATL	411	713	87
宁德时代	293	428	51
比亚迪	262	356	101
国轩高科	200	326	3
珠海冠宇	169	464	5
蜂巢能源	118	306	7
万向一二三	98	155	15
新宙邦	94	188	13
贝特瑞	87	163	53
亿纬锂能	77	265	9
珠海赛纬	57	99	6
国联汽车	49	79	10
华为	48	79	15
恩捷新材料	47	65	15
星源材质	45	58	17
微宏动力	43	49	8
欣旺达	42	116	0
锂威新能源	41	114	0
卫蓝新能源	39	98	3
屹锂新能源	39	41	0
中兴新材	38	45	9
中航锂电	36	37	1
远景科技	31	142	0
兰钧新能源	28	33	0
比克动力	26	70	9

2. 深圳专利风险抵御能力评估

（1）深圳主要企业的海外专利布局以欧美地区为主，但整体上专利储备偏少，尤其日韩市场专利储备极少，应谨慎进入

表2-10展示了锂离子电池五大关键材料领域，深圳主要企业的全球专利布局情况；图2-13展示了锂离子电池五大关键材料领域，深圳主要企业在主要市场的专利储备情况。如表2-10和图2-13所示，在锂离子电池五大关键材料领域，专利申请量排名前十位的深圳企业中，仅比亚迪、新宙邦、贝特瑞、华为、星源材质和比克动力六家企业在日韩美欧4个主要市场进行了专利布局，其中，海外专利储备量占专利储备总量比例较高的依次是华为（34.6%）、贝特瑞（30.9%）、比亚迪（23.0%）、新宙邦（21.4%）和星源材质（19.4%），但相较于该领域国外主要企业，深圳主要企业的海外专利布局偏少。并且，从专利布局区域来看，深圳主要企业的专利储备以欧美市场为主，在日韩市场的专利储备极少；其中在韩国市场进行专利布局最多的企业是比亚迪（31件），在日本市场进行专利布局最多的是贝特瑞（22件），鉴于日韩市场拥有众多技术积累雄厚的本土企业，建议深圳企业谨慎进入。

表2-10 锂离子电池五大关键材料领域深圳主要企业的全球专利布局情况

企业	专利储备总量（件）	海外专利储备量（件）	海外专利储备量占比（%）
比亚迪	460	106	23.0
新宙邦	229	49	21.4
贝特瑞	223	69	30.9
欣旺达	116	0	0.0
华为	104	36	34.6
恒大新能源	78	0	0.0
星源材质	72	14	19.4
德方纳米	62	0	0.0
比克动力	60	5	8.3
中兴新材	45	0	0.0

（2）深圳主要企业在主要市场的专利储备中，技术重点各有侧重，其中在磷酸锰铁锂和高镍三元两个领域的专利布局比重明显高于国外企业，存在一定的技术先发优势

图2-14展示了在锂离子电池五大关键材料领域，深圳主要企业在主要市场专利储备的技术分布情况。由图2-14可以看出，与大多数国内外主要企业的专利技术分布情况不同的是，深圳主要企业在中日韩美欧五大主要市场的专利储备技术分布，不

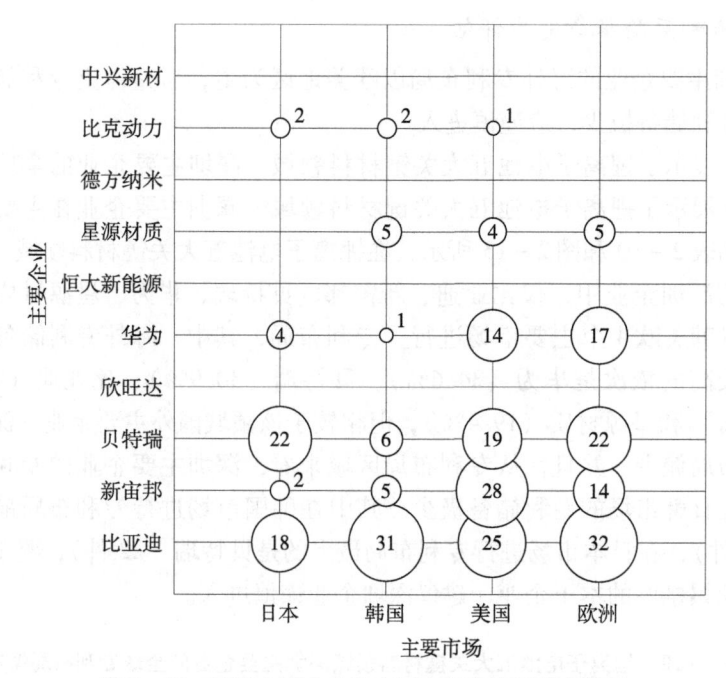

图 2-13 深圳主要企业在主要市场的专利储备情况

注：图中数据表示专利量，单位为件。

再是清一色地以电解质领域为主，而是呈现出多样化、各有侧重的情形。其中，比亚迪专利布局涉猎领域最广，五个关键材料领域都有较多专利布局，虽然与国外大多企业一样，主要专利储备集中在电解质（245 件）领域，但其在磷酸锰铁锂方向的专利储备情况尤为明显，专利储备量超过 50 件。新宙邦的专利储备以电解质方向为主（224 件），不过该企业的专利储备有一半尚处于在审阶段，重要专利占比还比较少，仍处于技术积累阶段。贝特瑞最为重视硅基负极领域，专利储备量 173 件。此外，高镍三元似乎也是其重点布局领域，在该领域的技术优势比较突出，专利储备量为 31 件。华为的重心则放在硅基负极领域（61 件），与新宙邦情况类似，华为专利储备仍有较大比例为在审申请且重要专利不多；此外，华为在电解质领域也有一定专利储备。星源材质则主攻其主业隔膜材料，该领域的专利储备有 69 件，在隔膜领域，星源材质已成为国内龙头，与华为情况比较类似；欣旺达也是一手抓电解质领域（66 件），一手抓硅基负极领域（42 件），但欣旺达尚没有一件重要专利，专利储备也仅限于国内。中兴新材与星源材质选择了相同的方向，主攻隔膜材料（45 件）；但与星源材质相比专利技术实力稍弱，尚未有海外布局，也没有重要专利。德方纳米的重心则是磷酸锰铁锂领域（44 件），但还需要快速进行专利技术的积累，专利储备总量未进入全国前25 位的企业榜单。比克动力的重心也是电解质（30 件）和硅基负极（28 件），值得指出的是，比克动力虽然专利储备总量不高，但重要专利占比较高，也是一家非常有潜力的企业。恒大新能源的专利储备以电解质领域（51 件）为主，该企业的专利储备几乎都是在审申请，技术实力有待验证。

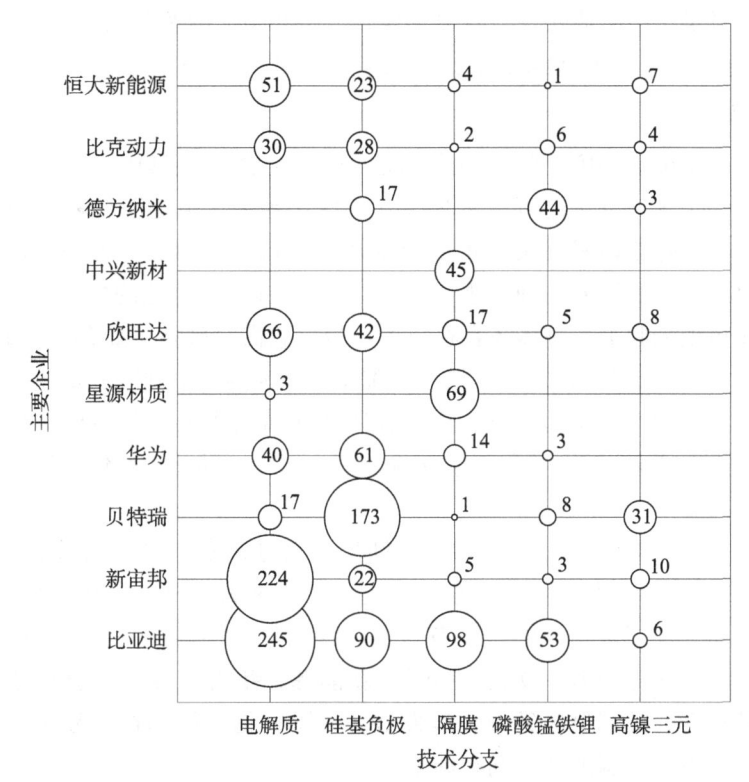

图 2-14 深圳主要企业在主要市场专利储备的技术分布情况

注：图中数据表示专利量，单位为件。

三、深圳电化学储能产业发展情况总结及知识产权建议

（一）针对深圳及其重点企业发展锂离子电池五大关键材料的总结及知识产权建议

1. 电解质领域竞争激烈，存在较大专利风险，深圳电解质企业应当提前做好风险应对准备

自 2019 年以来，电化学储能产业专利纠纷不断，其中电解质领域是纠纷发生的高地。该领域也是主要国家或地区锂离子电池主要企业进行专利布局的重点，仅日本主要创新主体在电解质领域布局的重要专利便是深圳主要创新主体专利储备总量的近两倍，在该领域日韩均是技术来源国和技术实力国，占据专利储备优势；此外，宇部兴产、MU 电解液株式会社、三菱等日本企业与我国企业在电解质领域已发生不少国内外诉讼。我国作为技术上的后进者，技术基础与国外主要创新主体差距较大；深圳电解质领域主要依赖龙头企业比亚迪，诸如新宙邦、欣旺达、恒大新能源、比克动力等企业尚处于技术积累阶段，技术实力还有待提升，因此深圳在电解质领域整体上风险抵

御能力偏弱，还需更多企业快速成长以形成合力，共同抵御潜在风险。

2. 深圳在硅基负极和隔膜领域存在较好技术基础，但也不可掉以轻心，还需进一步夯实技术实力

深圳在硅基负极和隔膜领域的专利储备已成一定规模，其中不乏有重要专利，技术实力也经受住了国外巨头的挑战。2022年，深圳锂离子电池隔膜领域的著名企业星源材质，在与美国隔膜领域巨头赛尔格的专利战中赢得了诉讼，为深圳乃至我国锂离子电池隔膜材料的发展注入一剂"强心针"。隔膜是锂离子电池的核心材料之一，我国在高端锂离子电池隔膜上，整体还存在技术短板，急需突破技术瓶颈，打破国外垄断，日本的旭化成、美国的赛尔格、韩国的SK都是全球锂离子电池隔膜的主要生产商，市场占有率极高，我国正在奋力追赶，深圳在隔膜领域的主要创新主体有比亚迪、星源材质和中兴新材。要将主动权真正掌握在自己手中，深圳企业还需进一步夯实技术实力。

硅基负极的情况与隔膜方向类似，深圳虽然有硅基负极领先代表性企业贝特瑞，但韩国的LG、三星和日本的信越化学等业内龙头手握大量硅基负极领域的重要专利，势必成为深圳企业发展该领域的重要竞争者。深圳除贝特瑞外，比亚迪也布局了不少专利，此外华为、比克动力、欣旺达和恒大新能源、新宙邦等企业也正处于技术积累过程中。这些企业在硅基负极领域快速发展，可迅速提升深圳在该领域的技术实力水平，建议以上企业加快国内外专利布局步伐。

3. 深圳在磷酸锰铁锂和高镍三元两个细分领域专利储备较充足、重要专利较多，可加大力量发挥技术优势，抢抓市场先机

对比深圳主要创新主体与国外重点企业在锂离子电池五大关键材料领域的专利布局情况可知，国外主要创新主体在磷酸锰铁锂和高镍三元两个领域鲜少布局，而深圳主要创新主体已在该两个领域提交了不少国内申请，一定程度上存在技术先发优势。其中比亚迪和德方纳米在磷酸锰铁锂方向都有不少专利布局，贝特瑞、新宙邦和欣旺达则更加专注高镍三元的研发。此外，鉴于深圳海外布局偏少的现状，建议深圳集中优势，对相关领域的发展给予政策上的倾斜，鼓励企业进行技术创新和海内外同步进行专利布局，从全球层面抢抓技术和市场先机，通过大力扶持磷酸锰铁锂和高镍三元两个关键主流方向，带动整个行业的再次升级和高质量发展，减少产业发展的后顾之忧。

（二）针对深圳电化学储能产业整体发展情况的总结及知识产权建议

1. 建议深圳市储能产业知识产权联盟及时对领域内重点专利进行分级分类，对于基础核心专利开展专利无效、技术规避或技术合作谈判等预判性工作，未雨绸缪

国内外电化学储能产业专利纠纷不断，虽然深圳在锂离子电池五大关键材料领域已展现出不错的专利技术基础，但日韩等重点企业先于我国发展许久，在核心技术和专利储备上，我们与之相比还有所不足。这些企业惯用专利武器，对深圳乃至我国企

业发展国内和主要出口市场均会成为有力的竞争对手。2023年7月，为助力建成世界一流新型储能产业中心，深圳成立了深圳市储能产业知识产权联盟。建议联盟发挥综合协调能力，提前对锂离子电池五大关键材料领域的重点专利进行分级分类，对于基础核心专利，发挥组织优势开展专利无效、技术规避或技术合作谈判等工作，可以考虑效仿2010年中国电池工业协会无效德国魁北克水电公司关于磷酸铁锂电池基础专利的做法。该专利几乎覆盖了磷酸铁锂电池的所有制造技术，成为中国动力电池产业头上悬着的一把利剑，它的成功被无效为我国产业链上的各家企业赢得了一次喘息机会，为我国动力电池和新能源汽车产业步入快车道扫除了障碍，否则巨额专利许可费会极大制约我国动力电池的产业发展。

2. 建议深圳同时兼顾发展锂离子电池储能以外的电化学储能技术，勿重蹈日本完全押宝氢燃料电池而错过锂离子电池市场发展最佳时机的覆辙

根据对深圳电化学储能产业及企业的调研，该产业的发展重心几乎集中在锂离子电池方向，诸如技术成熟度已较高的全钒液流电池、性能优异的钠离子电池都鲜少涉及，而从原材料"卡脖子"危机的角度看，相较于国内资源储量占比仅7%的锂资源，我国是钒的储量大国和全球最大生产国，钒资源和钒矿储量均位于全球第一，钠元素则分布于全球各地，完全不受资源和地域的限制，且我国已探明的钠资源储量占全球储量约20%，居世界第二位。因此从长远发展的角度看，对于钒电池和钠电池的发展，深圳应当兼顾之并及时做好相关技术的专利保护，为将来钒电池和钠电池市场打好专利基础，况且全钒液流电池及钠离子电池技术也逐渐成熟，后者基于资源优势，在各种储能系统中作为锂离子电池的补充技术，已进入快速发展阶段。

报告三　深圳市低空经济产业关键核心技术领域专利导航分析

自 2023 年起，低空经济产业受到空前关注，先后被写入国家规划，并在中央经济工作会议上被确定为战略性新兴产业，[1] 作为新质生产力的代表，是全国各地培育发展新动能的重要选择，也是全球竞相追逐的重地。低空经济产业具有辐射面广、产业链长、成长性和带动性强等特点。[2] 本报告聚焦低空经济产业的碳纤维、视觉芯片、云台、雷达、飞控系统、导航系统、图传系统、多旋翼无人机和 eVTOL 九大关键核心技术，从专利视角展开分析，旨在明确深圳产业定位、找寻发展方向、规划发展路径。

一、低空经济产业概述

（一）低空经济作为一种新型经济形态，在我国乃至全球正紧锣密鼓布局中，处于抢抓战略机遇期

1. 低空经济产业链条长、覆盖领域范围广、涉足企业多

低空经济是指依托低空空域，以各种有人驾驶和无人驾驶航空器的各类低空飞行活动为牵引，辐射带动相关领域融合发展的综合性经济形态。[3] 其中低空空域是指垂直高度在 1000 米以下的飞行区域，可根据实际需要延伸至不超过 3000 米的空域范围内。它具有辐射面广、产业链长、成长性和带动性强等特点，作为新质生产力的代表，低空经济是培育发展新动能的重要选择，也是全球竞相追逐的战略性新兴产业。

如图 3-1 所示，低空经济产业链分为上中下游三部分，其中产业链上游涵盖用于低空设备的原材料、零部件、载荷和系统。原材料包括金属材料和复合材料两类，是整个低空设备制造的基础，在很大程度上影响低空飞行的效率和性能；零部件包含机翼、机身、螺旋桨、起落架等机身构造，芯片，发动机等；载荷是为了完成无人机特定任务或特定功能而装备的设备，例如各类用于侦察、监测、作业、拍摄等搭载的传感器、云台、雷达、相机、测距仪、信号发射机等；系统包括航空航天系统和地面系

---

[1] 李浩燃. 科技引领，促进低空经济腾飞 [N]. 中国能源报，2024-01-19（5）.
[2] 李晓华. 低空经济蓄势高飞 [N]. 人民日报，2024-01-31（15）.
[3] 低空经济 [EB/OL]. （2024-02-29）[2024-02-29]. https：//baike. baidu. com/item/% E4% BD% 8E% E7% A9% BA% E7% BB% 8F% E6% B5% 8E/50884294？fr = ge_ala.

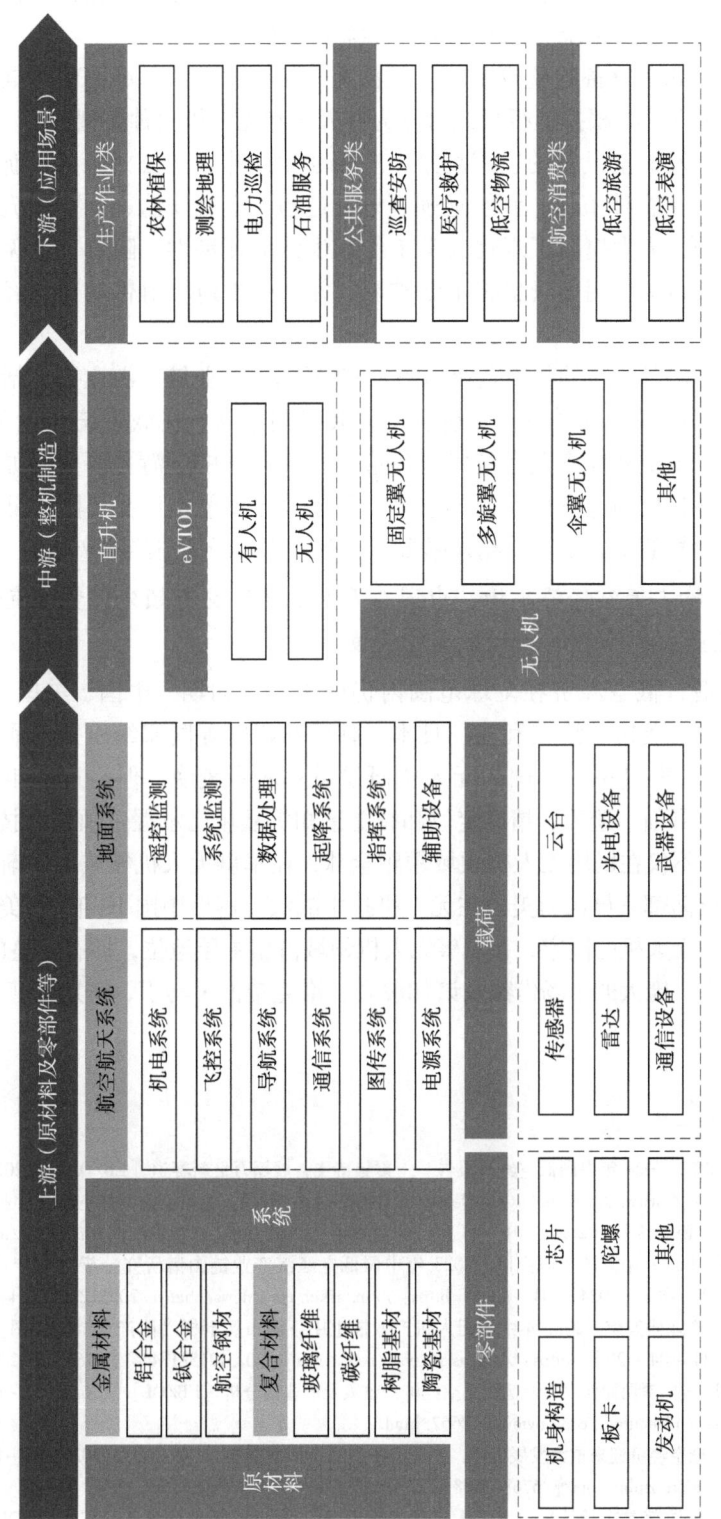

报告三　深圳市低空经济产业关键核心技术领域专利导航分析

图 3-1　低空经济产业链结构

上游（原料材料及零部件等）

原材料

- 金属材料
  - 铝合金
  - 钛合金
  - 航空钢材
- 复合材料
  - 玻璃纤维
  - 碳纤维
  - 树脂基材
  - 陶瓷基材

零部件

- 机身构造
- 板卡
- 发动机
- 芯片
- 陀螺
- 其他

系统

- 航空航天系统
  - 机电系统
  - 飞控系统
  - 导航系统
  - 通信系统
  - 图传系统
  - 电源系统
- 地面系统
  - 遥控监测
  - 系统监测
  - 数据处理
  - 起降系统
  - 指挥系统
  - 辅助设备

载荷

- 传感器
- 雷达
- 通信设备
- 云台
- 光电设备
- 武器设备

中游（整机制造）

- 直升机
- eVTOL
  - 有人机
  - 无人机
- 无人机
  - 固定翼无人机
  - 多旋翼无人机
  - 伞翼无人机
  - 其他

下游（应用场景）

- 生产作业类
  - 农林植保
  - 测绘地理
  - 电力巡检
  - 石油服务
- 公共服务类
  - 巡查安防
  - 医疗救护
  - 低空物流
- 航空消费类
  - 低空旅游
  - 低空表演

67

统,航空航天系统是低空设备系统内最基本、最重要的组成部分,包括飞控系统、导航系统、通信系统、图传系统、机电系统和电源系统等。

产业链中游指低空设备的整机制造,包括无人机、直升机、eVTOL(电动垂直起降飞行器),其中 eVTOL 根据运行模式可分为有人机和无人机两种类型。

产业链下游涉及低空设备的应用场景,应用在生产作业、公共服务、航空消费等三类场景,尤其是在农林植保、测绘地理、电力巡检、巡查安防、低空物流领域,已有非常广泛的应用,大大提高了现代人类工作和生活的便利性。随着工业无人机的智能化发展,低空飞行的应用场景也将不断扩展,并进一步地辐射带动低空经济产业链的蓬勃发展。❶

产业链上中下游各环节的代表企业如图 3-2 所示,产业链上游主要包括各大原材料供应商、元器件和零部件供应商、航空动力装置制造商、机载系统与设备制造商、芯片制造商、智能系统开发商及系统集成供应商,产业链中下游主要为诸如大疆、道通智能、亿航等各整机制造商以及诸如空客、贝尔等通用航空巨头。随着低空经济的大力发展和应用场景的不断丰富,越来越多的企业争相入局低空经济产业。

2. 全球纷纷抢占低空经济市场,中国在无人机领域具有领先优势,直升机领域美、欧、俄三足鼎立,eVTOL 领域欧美中先发

作为新兴产业,低空经济在全球范围内仍处于发展初期,中国、美国、加拿大、巴西、法国、德国、英国、澳大利亚、日本、韩国和印度等国家纷纷抢占通用航空市场,布局低空产业。❷ 其中,中国的无人机研发虽然起步较晚,但经过多年的深耕细作,在自主控制、导航、避障、精准定位和智能感知等领域已掌握多项核心技术,达到了世界领先水平,不仅在民用无人机领域领跑全球,在军事无人机领域也逐渐"弯道超车"美国,美国国防部官员认为美国在无人机技术战法上落后中国 10 年;❸ 美国是世界上最早研发并布局无人机的国家,在军事无人机领域占据主导地位,拥有完整的产业链、多样的无人机品类、庞大的市场份额及诸如波音、洛克希德·马丁、诺斯罗普·格鲁门

---

❶ 前瞻产业研究院. 2024 年中国低空经济报告——蓄势待飞,展翅万亿新赛道 [EB/OL]. (2023-12-26) [2024-04-29]. https://www.stcn.com/article/detail/1102907.html;前瞻产业研究院. 低空经济行业产业链全景梳理及区域热力地图 [EB/OL]. (2024-01-11) [2024-04-29]. https://www.qianzhan.com/analyst/detail/220/240111-d9708512.html;中商产业研究院. 2023 年中国低空经济产业链图谱研究分析(附产业链全景图)[EB/OL]. (2023-12-18) [2024-04-29]. https://m.askci.com/news/chanye/20231215/1744412702633480 52468355. shtml;中商产业研究院. 2021 年中国无人机产业链上中下游市场剖析(附产业链全景图)[EB/OL]. (2021-07-13) [2024-04-29]. https://m.askci.com/news/chanye/20231215/17444127026334 8052468355.shtml;合一产业运营. 一文读懂!深圳如何发力万亿级低空经济:政策及产业链分析 [EB/OL]. (2024-01-08) [2024-04-29]. https://www.huizhoutudi.com/nview-12662.html.

❷ 腾讯研究院. 低空经济迎来重大发展机遇,先进空中交通该如何发展 [EB/OL]. (2024-01-09) [2024-04-29]. https://zhuanlan.zhihu.com/p/676813538.

❸ 虎说天下. 美国防部首次承认!中国无人机领先美 10 年,从遥遥领先被弯道超车 [EB/OL]. (2023-09-06) [2024-04-29]. https://baijiahao.baidu.com/s?id=1776285771673145725&wfr=spider&for=pc.

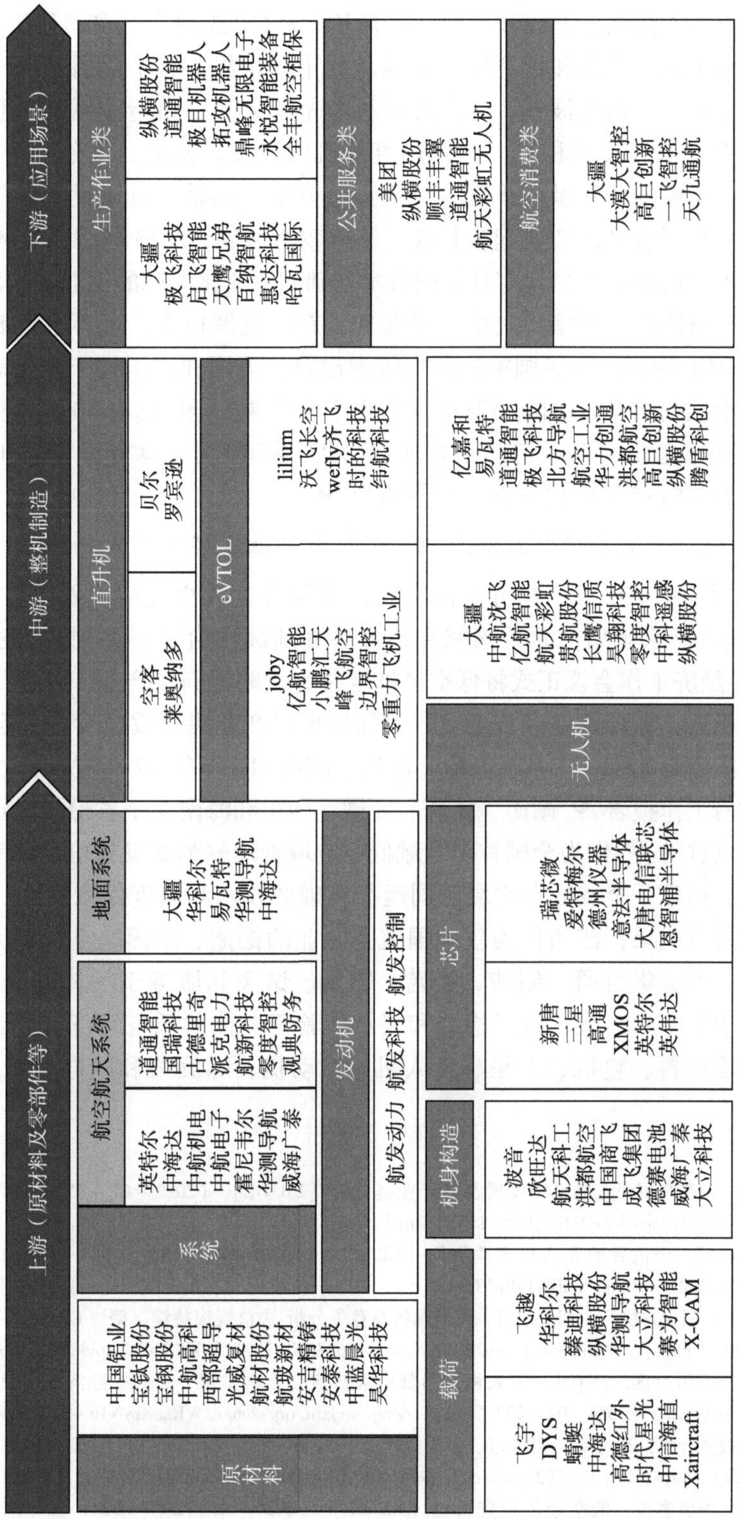

低空经济产业链各环节代表企业

上游（原材料及零部件等）			中游（整机制造）		下游（应用场景）
原材料	**载荷**	**航空航天系统 / 地面系统**	**直升机**		**生产作业类**
中国铝业 宝钛股份 宝钢高科 中航高导 西部超导 光威复材 航材股份 安吉精铸 安泰科技 中蓝晨光 昊华科技	飞越 华科尔 臻迪科技 纵横股份 华测导航 大立科技 赛为智能 X-CAM	系统： 英特尔 中海仪器 中航机电 中航电子 霍尼韦尔 华测导航 威海广泰 航空航天系统： 道通智能 国瑞科技 古德里奇 派瓦电力 航新科技 零度智控 观典防务 地面系统： 大疆 华科尔 易瓦特 华测导航 中海达	空客 莱奥纳多	贝尔 罗罗 公司	大疆 极飞科技 启飞智能 天鹰兄弟 百纳智航 惠达科技 哈瓦国际
	机身构造	**发动机 / 航发科技 / 航发控制**	**eVTOL**		纵横股份 道通智能 极目机器人 拓攻无限智能 鼎悦智能装备 永悦智能 全丰航空植保
飞宇 DYS 蜻蜓 中海达 高德红外 时代星光 中信海直 Xaircraft	波音 欣旺达 航天科工 洪都航空 中国商飞 成飞集团 德赛电池 威海广泰 大立科技	**芯片** 新唐 三星 高通 XMOS 英特尔 英伟达	joby 亿航智能 小鹏汇天 峰飞航空 边界智控 零重力飞机工业	lilium 沃飞长空 wefly齐飞 时的科技 纬航科技	**公共服务类** 美团 纵横股份 顺丰丰翼 道通智能 航天彩虹无人机
		瑞芯微 爱特梅尔 德州仪器 意法半导体 大唐电信联芯 恩智浦半导体	**无人机** 大疆 亿嘉和 中航沈飞 易瓦特 亿航智能 道通智能 航天彩虹 极飞科技 贵航股份 航空工业 长翔科技 北方导通 零度智控 华力创通 中科遥感 洪巨创新 纵横股份 高巨科创 腾飞科技		**航空消费类** 大疆 大漠大智控 高巨创新 一飞智控 天九通航

图 3-2 低空经济产业链各环节代表企业

和通用原子等军用无人机行业巨头；❶❷ 欧洲在无人机领域的研究和创新方面也位于全球前列，主要集中在法国、德国和英国，拥有多个无人机制造公司和科研机构。

直升机呈现美国、欧洲和俄罗斯三足鼎立的市场格局，其中美国是全球最大的直升机生产国和使用国，拥有波音、贝尔和西科斯基三大直升机行业巨头，欧洲直升机产业发达，有着深厚的技术积累，在民用直升机的研发、制造、服务上均位居前列，俄罗斯是直升机重要的研制及生产国家，重型直升机、共轴直升机世界领先，轻型直升机相对较弱。我国直升机产业起步较晚，基础较为薄弱，2013 年以来技术发展明显加快，已基本形成研制生产当代直升机的技术基础和产业化发展的工业基础。❸

随着城市道路的严重拥堵，空中交通迎来了新的发展机遇，世界主要航空国家均在积极迈入 eVTOL 赛道。欧美国家的研究较为成熟，美国和德国处于领先地位，多家公司已开展城市试点运营；中国 eVTOL 实力也不容小觑，全国已有 30 多家整机制造企业，主要分布在粤港澳大湾区和长三角地区，2023 年 10 月全球首张 eVTOL 适航证落地中国，标志着中国 eVTOL 已走入了世界前列。❹

3. 全国各地加速布局低空经济产业，深圳打造低空经济"第一城"

2021 年 2 月，中共中央、国务院印发《国家综合立体交通网规划纲要》，首次将"低空经济"写入国家规划，此后国家和地方层面陆续出台了一系列政策法规；2023 年 12 月，中央经济工作会议正式将低空经济定位为战略性新兴产业。各地纷纷抢抓低空经济发展新机遇，布局低空经济产业，以加快形成产业集聚效应及"低空+"产业创新生态。全国已有北京、广东、安徽、四川、湖南和江西等 27 个省（区、市）将低空经济写入政府工作报告，❺ 湖南、江西、安徽、四川和海南 5 个省份被确定为低空空域管理改革试点省份。❻ 作为全国首个全域低空空域管理改革试点省份，湖南大力培育低空经济产业，构建了全域低空空域协同运行管理的技术和制度保障体系，催生出 12 项全国第一的改革成果；江西作为新中国航空工业的摇篮、全国航空产业大省，充分发挥自身优势，形成集科研、制造、运营、审定、试飞和服务于一体的完整产业链，建设了全国首个集生产制造、试飞检测和展示体验于一体的低空经济产业园；安徽芜湖已形成涵盖原材料、整机、卫星、无人机、发动机、螺旋桨和航电系统等产业链，

---

❶ 智能巅峰. 中美军用无人机市场发展及其产业链分析［EB/OL］.（2019 - 01 - 05）［2024 - 04 - 29］. https：//www. 163. com/dy/article/E4OKI2I00511PT5V. html.

❷ 向哥谈无人机. 全世界的无人机产业格局［EB/OL］.（2023 - 06 - 18）［2024 - 04 - 29］. https：//mp. weixin. qq. com/s/OjqHCoeVFq55aCBWPBIuVQ.

❸ 观研天下. 我国直升机行业相关政策、市场现状及竞争分析 进口规模持续下降［EB/OL］.（2023 - 04 - 11）［2024 - 04 - 29］. https：//baijiahao. baidu. com/s? id = 1762859097204874097&wfr = spider&for = pc.

❹ 南京临空经济示范区. eVTOL、无人机作为低空经济聚焦方向愈显——低空经济产业发展现状（二）［EB/OL］.（2024 - 01 - 22）［2024 - 04 - 29］. https：mp. weixin. qq. com/s/WRaeRr8N4u - 3RI7KjVHFgg.

❺ 通航圈. 最强合集! 27 个省、直辖市、自治区政府工作报告发力"低空经济"［EB/OL］.（2024 - 02 - 08）［2024 - 04 - 29］. https：//www. 163. com/dy/article/IQELUV8L0530G3Q7. html.

❻ 中信建投. 中信建投：低空经济投资机遇［EB/OL］.（2024 - 03 - 20）［2024 - 04 - 29］. https：//www. cls. cn/detail/1624361.

聚集研发、制造、运维等企业近 200 家，培育了 12 个低空制造细分领域的"单打冠军";❶❷广州作为最早布局低空经济产业的城市之一，已形成了覆盖产业链上游的原材料、零部件制造、飞控系统、导航系统和通信系统等各组件的生产制造，中游的整机制造以及下游的各类场景应用的完整产业链，培育了包含亿航和极飞科技等龙头企业在内的链上企业 50 多家，其中包括专精特新"小巨人"13 家，单项冠军 3 家，上市企业 9 家。❸❹

作为"无人机之都"的深圳，发挥先发优势，推动低空经济率先成形成优势。从政策环境来说，在 2023 年初将低空经济写入政府工作报告，2023 年 12 月发布全国首部低空经济产业发展法规《深圳经济特区低空经济产业促进条例》，在 2023 年底印发《深圳市支持低空经济高质量发展的若干措施》，围绕引培链上企业、鼓励技术创新、扩大应用场景和完善产业配套提出 20 条具体措施；从产业环境来说，深圳已拥有覆盖碳纤维、电池、芯片、系统、整机制造和商业应用等诸多环节的完整产业链条，链上企业突破 1700 家，可以实现"不出南山，即可制造出一架成品无人机"；从企业竞争力来说，聚集了大疆、美团、丰翼科技、道通智能、科卫泰、路飞智能、大漠大智控和天鹰装备等多个行业头部企业；从地理位置来说，深圳地处粤港澳大湾区的核心位置，经济繁荣，市场需求旺盛。这些都说明深圳已抢跑低空经济新赛道，正全力冲刺"低空经济第一城"。❺

（二）聚焦关键核心技术领域，推动低空经济产业高质量发展

在低空经济的产业链中，碳纤维（Carbon Fiber, CF）被称为"工业黄金"，能够赋予低空设备自重轻、强度大、耐腐蚀等优点，是低空设备非常重要的原材料之一。视觉芯片是通过集成图像处理和计算机视觉技术，使低空设备在不需要外部导航信号的情况下，实现精准的自主导航、实时避障以及目标跟踪，是显著提升低空设备智能性、自主性和安全性，有效扩展低空设备的应用范围和潜在价值的关键核心技术之一，市场需求持续旺盛，产品更新迭代按月以计，该领域的国内外竞争将来势必更加激烈。系统作为低空设备的中央控制单元，飞控系统、导航系统、图传系统构成低空设备系统的核心技术分支。其中，飞控系统作为低空设备的"心脏"，用以控制低空设备的悬停、翻滚、仰俯、偏航运动，对其稳定性、数据传输的可靠性、精确度、实时性等都有重要影响；导航系统作为低空设备的"眼睛"，为低空设备提供精确的方向基准和位

---

❶ 无人机大数据. 低空空域改革助力通用航空（含无人机）振翅腾飞 [EB/OL]. (2023 - 05 - 25) [2024 - 04 - 29]. https://baijiahao.baidu.com/s? id = 1766856852920436177&wfr = spider&for = pc.

❷ 黄建宁, 蓝天翔. 南康：低空经济"振翅飞"[N]. 赣南日报, 2024 - 03 - 18 (2).

❸ 澎湃新闻. 布局千亿级低空经济产业集群，广州开发区如何"飞"在前面 [EB/OL]. (2023 - 12 - 29) [2024 - 04 - 29]. https://baijiahao.baidu.com/s? id = 1786625639963972333&wfr = spider&for = pc.

❹ 新黄河客户端. 开放多种应用场景 覆盖产业上中下游 广州开发区前瞻布局低空经济未来产业 [EB/OL]. (2023 - 10 - 20) [2024 - 04 - 29]. https://baijiahao.baidu.com/s? id = 1780260544177504577&wfr = spider&for = pc.

❺ 招商银行研究院. 「招银研究｜区域点评」粤港澳大湾区低空经济产业点评：万亿赛道，湾区领跑 [EB/OL]. (2024 - 04 - 20) [2024 - 04 - 29]. https://baijiahao.baidu.com/s? id = 1796805151827188255&wfr = spider&for = pc.

置坐标，从而引导低空设备按照指定航线飞行，辅助实现障碍物回避和自动进场着陆等功能；图传系统是低空设备实现远程通信、实时图像传输和任务执行的关键技术之一，不仅能够实现无人机与指挥中心或操作员之间的实时通信和数据传输，提高无人机的作业效率和安全性，还能够为低空设备的应用提供更加丰富的信息支持和决策依据。载荷作为低空设备机载部分中最昂贵且发挥关键作用的部分，只有通过不同任务的载荷才能发挥低空设备的价值。云台可以理解为驱动载荷转动以实现特殊功能的设备，是低空设备机体平台的基础和航拍应用中的关键技术；机载雷达对于低空设备的导航、侦察、监测等任务至关重要，极大限度提高了低空设备的适应能力和多任务处理能力。而在低空设备的整机制造中，多旋翼无人机被广泛应用于农林植保、电力巡检、应急救援、物流运输、森林环保、防灾减灾、地质气象、城市规划管理等多个行业，在提升行业效率和降低成本方面具有显著优势，对低空经济的发展起到了积极的推动作用，成为拉动社会经济增长的新引擎。eVTOL 避开了道路和起降场地的限制，极大地提高了出行的灵活性和效率，这种新型的出行方式将极大地推动低空经济的发展。通过对深圳低空经济产业及企业的调研与走访，课题组确定碳纤维、视觉芯片、云台、雷达、飞控系统、导航系统、图传系统、多旋翼无人机和 eVTOL 九大关键核心技术为本报告分析对象。检索范围如表 3 – 1 所示。

表 3 – 1　低空经济产业九大关键核心技术检索范围

关键核心技术	检索范围
碳纤维	由聚丙烯腈或沥青、粘胶等有机母体纤维，在高温环境下裂解碳化形成碳主链结构，含碳量在 90% 以上的无机高分子纤维
视觉芯片	面向低空无人机、直升机等低空领域的图像传感器阵列、智能化视觉芯片、图像算法
云台	低空领域及航空领域中机载塔架、载荷舱、转塔等云台的框架结构及控制系统
雷达	面向低空无人机、直升机等低空领域的毫米波雷达、激光雷达、合成孔径雷达
飞控系统	低空领域及航空领域中关于飞行器位置、姿态、高度、速度、航向和起降等飞行控制或自动控制技术，以及飞控中的避障技术
导航系统	低空领域及航空领域中除室内导航以外的惯性导航、卫星导航和基于视觉的导航领域技术
图传系统	面向无人机、直升机等低空领域的图像传输和视频压缩、信号处理、信道编码、调制解调等基础技术，以及航空领域中具有实时、高清、远距离特点的图像传输技术
多旋翼无人机	旋翼数量在两个以上的旋翼无人机（不包括倾转旋翼无人机及复合翼无人机）
eVTOL	（除无人机以外）采用电力驱动的可实现垂直起降的倾转旋翼飞机、复合翼飞机等带旋翼的飞行器及直升机

本报告数据来源于智慧芽全球专利数据库。基于该专利数据库进行相关专利检索与分析，围绕碳纤维、视觉芯片、云台、雷达、飞控系统、导航系统、图传系统、多旋翼无人机和eVTOL九大关键核心技术，分别确定关键词和分类号，从标题、摘要、权利要求、IPC分类号、CPC分类号、全文等字段入口建立不同的检索策略进行国内外专利检索，并使用重点企业对相应专利集合进行了补充检索。检索及专利法律状态截止时间为2024年2月底。

表3-2展示了低空经济产业九大关键核心技术领域的全球、中国和深圳主体专利申请情况。如表3-2所示，低空经济产业九大关键核心技术领域的全球专利申请量约20.5万件，其中中国专利申请量接近一半，约9.2万件。从专利技术构成看，飞控系统、云台和多旋翼无人机三个领域的专利申请量相对较多，中国专利申请量均在1.8万件以上，全球专利申请量均在3.0万件以上，全球和中国专利申请量都依次处于前三位；碳纤维、视觉芯片及eVTOL三个领域的专利申请数量则较少，中国专利申请量为3000~6000件，全球专利申请量均在1万件左右。

表3-2 低空经济产业九大关键核心技术领域专利申请情况

序号	关键核心技术领域	中国 专利申请总量（件）	中国 深圳主体专利申请量（件）	中国 深圳占比（%）	全球 专利申请总量（件）	全球 深圳主体专利申请量（件）	全球 深圳占比（%）
1	碳纤维	3387	59	1.7	9407	69	0.7
2	视觉芯片	5897	431	7.3	11 865	542	4.6
3	飞控系统	20 777	2229	10.7	55 017	4127	7.5
4	导航系统	10 090	582	5.8	33 126	764	2.3
5	图传系统	10 724	1143	10.7	24 996	1836	7.4
6	云台	20 486	3041	14.8	32 578	5097	15.7
7	雷达	12 910	1289	10.0	29 778	2261	7.6
8	多旋翼无人机	18 260	1587	8.7	30 160	2151	7.1
9	eVTOL	3395	144	4.2	9810	191	2.0
	总量	91 552	9060	9.9	204 895	14 399	7.0

注：相应总量非各技术分支数量的简单求和，因为存在1件专利同时涉及多个技术分支的情况。

二、深圳低空经济产业发展定位

(一) 低空经济产业专利技术创新情况

1. 深圳低空经济产业乘势而起,"新兴-成熟"企业协同演化支撑产业高质量发展

图3-3展示了深圳低空经济产业的专利公开情况。如图3-3所示,深圳低空经济产业九大关键核心技术领域的全球专利布局数量已超过1.4万件,其中海外布局5361件,接近全球专利布局总量的四成,且海外布局中PCT申请占一半以上,共3102件。从专利公开趋势看,2006~2011年,民用无人机技术尚未成熟,产业处于技术萌芽期,技术研发从概念转向落地,仅有少数创新主体开展了少量专利技术布局;2012~2014年,产业进入缓慢发展期,商业化的无人机开始逐渐进入市场,相关产业的创新主体数量和专利布局数量明显增长,产业创新迈上新台阶;随着2014年无人机市场需求的井喷式发展,全球范围内掀起了一股无人机的产业发展热潮,国家陆续出台利好政策,开展相关试点工程建设,国内外专利布局开始大幅增长,各项专利数据均于2021年达到顶峰,同年,"低空经济"首次写入国家规划;从2022年开始,全球和中国的专利申请量均大幅下降,深圳低空经济产业国内外专利布局也出现较明显下降,究其原因可能与深圳低空经济产业龙头——大疆的专利策略调整有关。

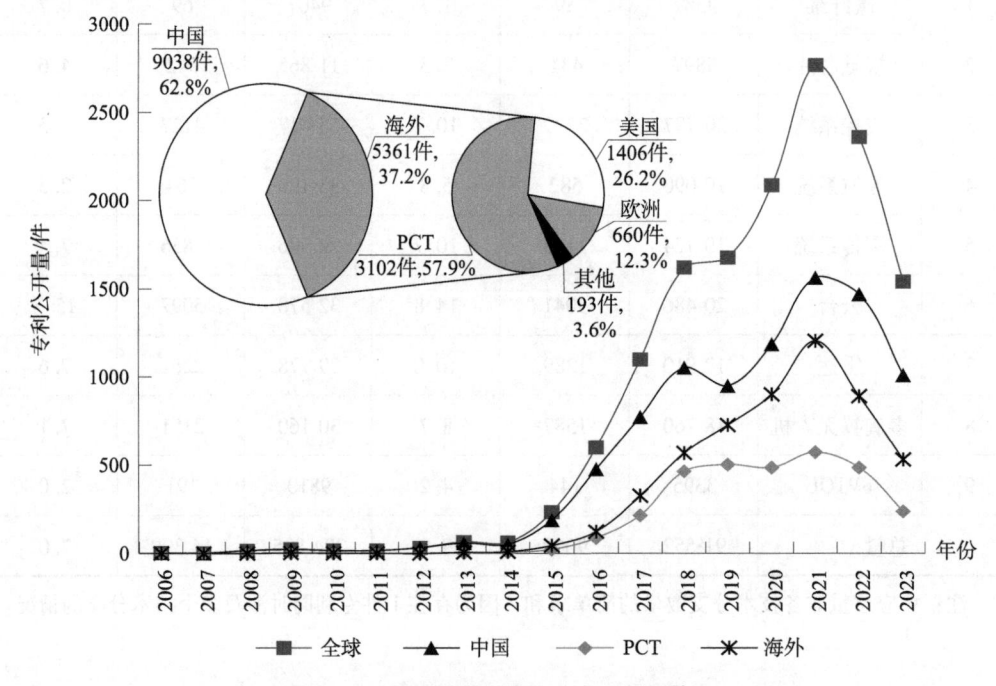

图3-3 深圳低空经济产业专利公开情况

图 3-4 展示了大疆在低空经济产业九大关键核心技术领域的专利布局趋势；图 3-5 展示了大疆在低空经济产业九大关键核心技术领域历年专利布局占深圳相应专利布局总量的比值情况。如图 3-4 和图 3-5 所示，大疆在 2015~2021 年的专利公开量及其占深圳相应总量的比值均稳步上升，但自 2022 年开始，大疆的专利公开量及专利公开量占深圳相应总量的比值均出现下滑；不过，深圳其他主体的专利公开量自 2020 年起快速增长，并且在 2022 年，占比首次超过大疆，达到了 56%。综合分析可知，深圳低空经济产业自 2022 年开始，国内外专利布局明显下降的主要原因在于：龙头企业大疆在快速完成专利基础布局后，主动调整专利布局策略，开始从技术源头精心筛选专利技术，将专利战略从"全布局"向"精布局"转变，进入从"量"到"质"阶段，因此专利申请数量大幅减少。值得指出的是，除了大疆，深圳低空经济产业的其他创新主体，自 2020 年起一直维持较高的专利技术产出水平，年专利申请量稳步且快速增长。结合 2013 年起大疆和其他主体的专利技术产出占比可以推测得出，随着大疆专利布局策略的调整工作告一段落，深圳低空经济产业在九大关键核心技术领域的后续专利布局，将会在新的水平线上呈现稳中有进的发展趋势。

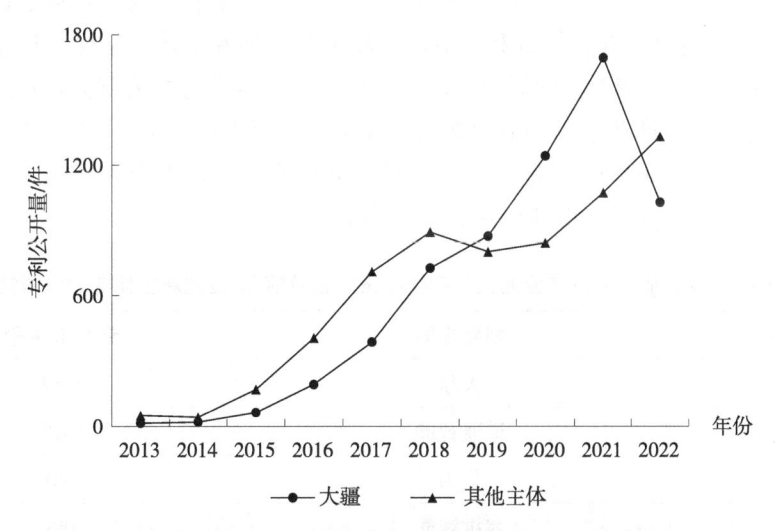

图 3-4 大疆与深圳其他主体在低空经济产业九大关键核心技术领域的专利布局趋势

2. 雁阵成行，深圳低空经济产业新兴新质迸发新活力

在低空经济产业九大关键核心技术领域拥有专利申请的深圳创新主体近千家，表 3-3 展示了深圳低空经济产业九大关键核心技术领域排名前 20 位创新主体的专利布局情况。从企业分布情况看，深圳低空经济产业已形成"头雁领航、强雁护航、群雁齐追"的"雁阵效应"。如表 3-3 所示，大疆的 4 家企业——深圳市大疆创新科技有限公司、深圳市大疆灵眸科技有限公司、深圳市大疆百旺科技有限公司和深圳市大疆软件科技有限公司，在低空经济产业九大关键核心技术领域的专利申请量总共为 6667 件，占深圳相应产业专利申请总量的比值高达 46.3%，构建起指数级领先优势，是深圳低空经济产业乃至中国低空经济产业当之无愧的"领头雁"；除大疆外，深圳的

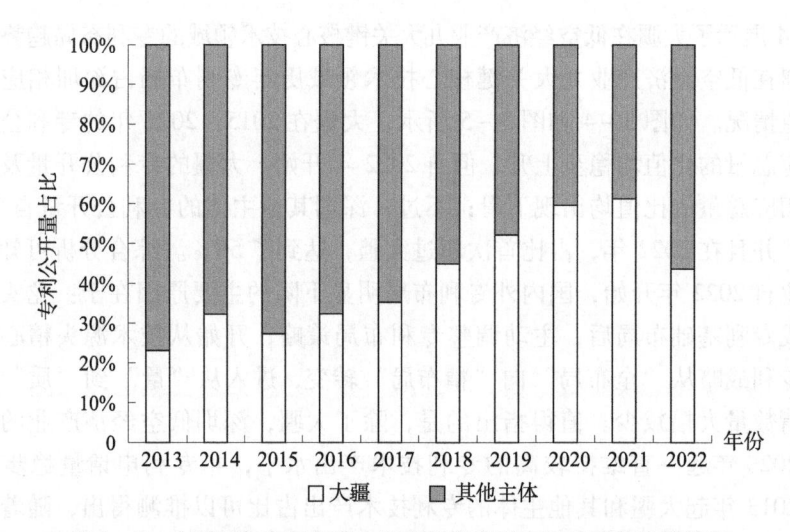

图 3-5 大疆历年专利布局占深圳相应专利布局总量的比值情况

道通智能和华为两家企业在低空经济产业九大关键核心技术领域的专利申请量也很瞩目，分别为 1099 件和 740 件，专利申请量远高于其他创新主体，是深圳低空经济产业的两只"强雁"，也是带领深圳低空经济产业成为新质生产力的关键力量；除以上创新主体，深圳低空经济产业还分布着诸如速腾聚创、云天励飞、科卫泰等众多在细分领域掌握核心技术及竞争力的创新主体。随着低空物流、无人机配送等应用场景越来越广，深圳低空经济产业已逐渐雁阵成行、规模成势。

表 3-3 深圳低空经济产业九大关键核心技术领域前 20 位创新主体专利申请情况　单位：件

排名	创新主体	专利申请量
1	大疆	6667
2	道通智能	1099
3	华为	740
4	容祺智能	186
5	普宙科技	132
6	腾讯	115
7	速腾聚创	114
8	深圳大学	96
9	云天励飞	82
10	科卫泰	72
11	哈瓦国际	69

续表

排名	创新主体	专利申请量
12	深圳供电局	66
13	飞马机器人	63
14	丰翼科技	60
15	富士康	52
16	鸿海精密工业	51
17	汇顶科技	49
18	南方科技大学	48
19	哈尔滨工业大学深圳研究生院	44
20	互酷科技	43

3. 引入企业技术积累进度缓慢，尚未展露专利技术优势

自2022年起，在低空经济的诸多飞行器中，eVTOL备受资本热捧。为进一步强化产业格局，稳链固链强链补链，深圳从2023年开始引入一批国内外低空经济产业的知名企业，例如，德国Lilium公司宣布将中国总部落在深圳宝安，国内的亿航、峰飞等企业也陆续进驻深圳。然而这些企业在深圳进行技术积累的进程整体偏慢，未能展现出专利技术的创造优势，长此以往，为深圳低空经济输入创新血液的概率将大打折扣。

表3-4为深圳低空经济产业引入企业的相关专利申请情况。如表3-4所示，深圳在低空经济产业引入的企业中，峰飞航空科技（深圳）有限公司至今的专利申请数量为0，其专利技术归属于上海峰飞航空科技有限公司（105件）和峰飞航空科技（昆山）有限公司（96件）两个主体；与此同时，深圳亿航智能技术控股有限公司，拥有专利申请量也为0，其专利技术则归属于亿航智能设备（广州）有限公司（589件）和广州亿航智能技术有限公司（288件）两个主体。此外，长期活跃于大众视野的美团科技有限公司，作为在深圳注册的低空经济领域的知名企业，技术涉及无人机的整机、电机、配送应用场景等领域，其中，12件专利（无人机领域）受让自北京三快在线科技有限公司，并与北京三快在线科技有限公司共同持有，且美团科技有限公司均为第二权利人，以上12件无人机领域专利的当前专利权人地址仍在北京，未添加深圳作为权利人地址；此外美团在深圳注册的另外7家企业（深圳美团科技有限公司、深圳美团优选科技有限公司、深圳美团低空物流科技有限公司、深圳三快在线科技有限公司、深圳美团优选网络科技有限公司、深圳三快信息科技有限公司、深圳市美团机器人研究院），均未布局相关专利申请；冠飞直升机中，深圳市东部通用航空有限公司，作为中国民航局和深圳市政府认定的低空改革试点单位、中国001号粤港直升机跨境飞行许可企业、甲级公共运输航空企业，截至检索日期仅拥有1件实用新型专利，与之相关联的企业专利拥有量较少，广州冠飞直升机科技有限公司专利申请量为12件，深圳市低空通用航空有限公司和小鹏低空出行科技（深圳）有限公司的专利申请量均为0。

表 3-4 深圳低空经济产业引入企业相关专利申请情况　　　　单位：件

引入企业		专利申请量
峰飞	上海峰飞航空科技有限公司	105
	峰飞航空科技（昆山）有限公司	96
	峰飞航空科技（深圳）有限公司	0
亿航	亿航智能设备（广州）有限公司	589
	广州亿航智能技术有限公司	288
	深圳亿航智能技术控股有限公司	0
美团	北京三快在线科技有限公司	989
	美团科技有限公司	21
	深圳美团科技有限公司	0
	深圳美团低空物流科技有限公司	0
	深圳美团优选科技有限公司	0
	深圳市美团机器人研究院	0
	深圳美团优选网络科技有限公司	0
	深圳三快在线科技有限公司	0
	深圳三快信息科技有限公司	0
冠飞直升机	深圳市东部通用航空有限公司	1
	深圳市低空通用航空有限公司	0
	小鹏低空出行科技（深圳）有限公司	0
	广州冠飞直升机科技有限公司	12

（二）低空经济产业专利储备情况

1. 深圳低空经济产业具备较高的专利技术水平，但自 2021 年起失效专利剧增，专利技术储备有待加强

图 3-6 展示了深圳低空经济产业九大关键核心技术领域的专利法律状态；图 3-7 展示了深圳低空经济产业九大关键核心技术领域的专利维持情况。如图 3-6 和图 3-7 所示，深圳在低空经济产业九大关键核心技术领域的专利有效量为 4957 件，占深圳相应总量的 34.4%，其中发明专利 2772 件，占比高达 55.9%，远高于全市总体水平（23.3%）；深圳在上述相关领域的专利维持年限处于 7~9 年和 5~6 年的专利居多，有效专利量分别为 1600 件和 1447 件，其中有效发明量分别为 1004 件和 913 件，维持五年以上有效发明专利共 2144 件，维持率达 77.3%，明显高于全市总体水平（72.7%），一定程度上反映出深圳在低空经济产业相较于其他产业，具备更高的专利

技术价值和专利技术水平。此外，上述相关领域还有2618件发明专利申请尚处于在审、待审阶段，是深圳低空经济产业非常重要的专利技术储备军。

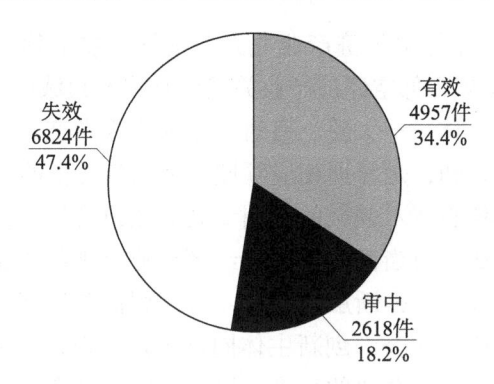

图3-6 深圳低空经济产业关键核心技术领域专利法律状态的情况

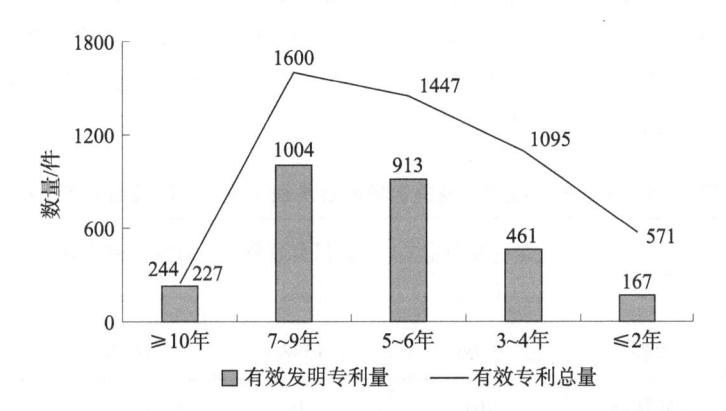

图3-7 深圳低空经济产业关键核心技术领域的专利维持情况

但值得指出的是，深圳在低空经济产业关键核心技术领域有47.4%的专利技术已失效。经过进一步分析可知，深圳低空经济产业关键核心技术领域的失效专利呈现"两多"特点：一是有效期满自动失效的PCT申请多，共2858件，占失效专利的四成以上，远高于全市该比值（37.8%），结合全市PCT申请量逐年整体下降的情况，预计PCT期满失效导致该领域专利失效比重偏高的情况将会持续较长时间；二是头部企业大疆失效专利多，大疆超过4200件专利已失效，占大疆上述领域专利申请量的63.9%，其中88.3%的失效专利推断为主动放弃（包括撤回、未缴年费、放弃、PCT进入指定国后到期）。经进一步分析，大疆出现大量失效专利的情况始于2021年，在此之前，大疆每年失效专利（不含PCT）不到20件，2021年失效专利剧增，接近200件，此后每年大幅度出现失效专利，仅2023年新增失效专利接近千件，该情况与大疆调整专利布局策略、精简优化专利持有量的实况一致。

2. 头部企业占据绝对优势，腰部企业奋勇直追，踊跃参与积累、保持和增强核心竞争力

表3-5展示了深圳在低空经济产业九大关键核心技术领域的专利储备量分布情况。如表3-5所示，深圳在低空经济产业关键核心技术领域的专利储备量共7526件，其中排名前三位的创新主体——大疆、道通智能和华为在低空经济产业九大关键核心技术领域的专利储备量之和，是深圳相应领域专利储备总量的48.4%；该三家企业在低空经济产业九大关键核心技术领域的发明专利有效量之和，占深圳相应领域的发明专利有效量总量的约六成，与当前深圳低空经济产业呈现的集聚效应一致。结合前文还可以看出，头部企业长期占据断层式优势，对深圳低空经济产业的专利技术贡献度极高。而深圳低空经济产业的腰部创新主体同样表现不俗，虽然受限于自身规模，短期内专利储备量难以企及头部企业的高度，但专利储备中有效专利占比普遍高于排名前三位创新主体的有效专利占比，如哈瓦国际的有效专利占比高达90.3%，飞马机器人有效专利占比也高达86.4%，腾讯在上述领域的有效专利全部是发明专利，相信这些腰部企业通过不懈努力，踊跃参与积累、保持和增强核心竞争力后，将来定能成为深圳低空经济产业最关键的生力军。

表3-5 深圳低空经济产业关键核心技术领域的专利储备量分布情况

序号	创新主体	专利储备量（件）	专利有效量（件）	有效专利占比（%）	发明专利有效量（件）
1	大疆	2406	1538	63.9	1262
2	道通智能	701	448	63.9	249
3	华为	539	141	26.2	130
4	普宙科技	115	91	79.1	15
5	速腾聚创	94	47	50.0	43
6	腾讯	90	62	68.9	62
7	哈瓦国际	62	56	90.3	8
8	云天励飞	61	39	63.9	31
9	飞马机器人	59	51	86.4	10
10	丰翼科技	57	39	68.4	12
	深圳全市	7526	4957	65.4	2772

三、深圳低空经济产业发展方向

（一）深圳低空经济产业关键核心技术领域专利技术优劣势

1. 深圳低空经济产业与欧美发展趋势基本一致

图 3-8 展示了低空经济产业九大关键核心技术领域专利储备的全球分布情况。如图 3-8 所示，全球在低空经济产业九大关键核心技术领域专利储备量最多的国家/地区分别为中国、美国和欧洲，专利储备量分别为 72 420 件、27 381 件和 12 966 件，这三个国家/地区在低空经济产业九大关键核心技术领域的专利储备量之和，占全球相应领域专利储备总量的比值达 83.2%。其中美国和欧洲作为世界主要的航空航天国家/地区之一；深圳和北京作为中国境内低空经济产业发展最好的城市之一，也是中国境内在低空经济产业九大关键核心技术领域专利储备量最多的两个城市，因此，横向对比分析深圳与美国、欧洲和北京在低空经济产业九大关键核心技术领域专利储备的技术构成及变化情况，将非常必要并具有重要意义。

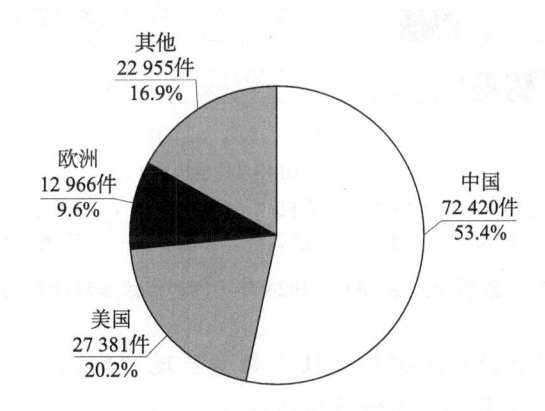

图 3-8 低空经济产业关键核心技术领域全球专利储备分布情况

- 其他 22 955 件 16.9%
- 欧洲 12 966 件 9.6%
- 中国 72 420 件 53.4%
- 美国 27 381 件 20.2%

图 3-9 展示了深圳与美国、欧洲和北京在低空经济产业九大关键核心技术领域，2004~2024 年不同时间段专利储备的技术构成变化情况。如图 3-9 所示，深圳在低空经济产业关键核心技术领域的专利布局趋势与美国、欧洲基本一致。对于碳纤维、飞控系统、导航系统和图传系统等常见应用于传统通航领域与无人机领域的细分技术，技术发展已相对成熟，2014 年以来的专利储备占比均呈一定程度的下降趋势。视觉芯片、云台、雷达、多旋翼无人机、eVTOL 等领域由于发展起步相对较晚，仍处于高速发展阶段，2004~2014 年 1 月的专利申请量不多。2014 年以来，无人机产业链基本形成，飞控系统和导航系统发展相对成熟；无人机具备小型化、智能化、低成本的条件，消费级无人机快速发展，多旋翼无人机登上了主流舞台，随着低空设备应用场景的不断拓展，面临越来越复杂多样的作业环境，作业要求和精度不断提升，在提升稳定性、安全性、适配性、智能化、数字化和精准度方面持续创新，视觉芯片、云台、

雷达技术蓬勃发展；随着城市交通日渐拥堵，向天空要发展已成为必然，eVTOL 采用电池作为动力源，且不需要跑道，成为备受关注的未来城市空中交通新形态。各种因素叠加，2014 年 2 月至 2024 年云台、雷达、多旋翼无人机、eVTOL 等领域的专利储备量涨幅明显。

（a）2004年1月至2014年1月

（b）2014年2月至2024年2月

□eVTOL　□多旋翼无人机　■图传系统　▨导航系统
▧飞控系统　▤雷达　▦云台　▥视觉芯片　▣碳纤维

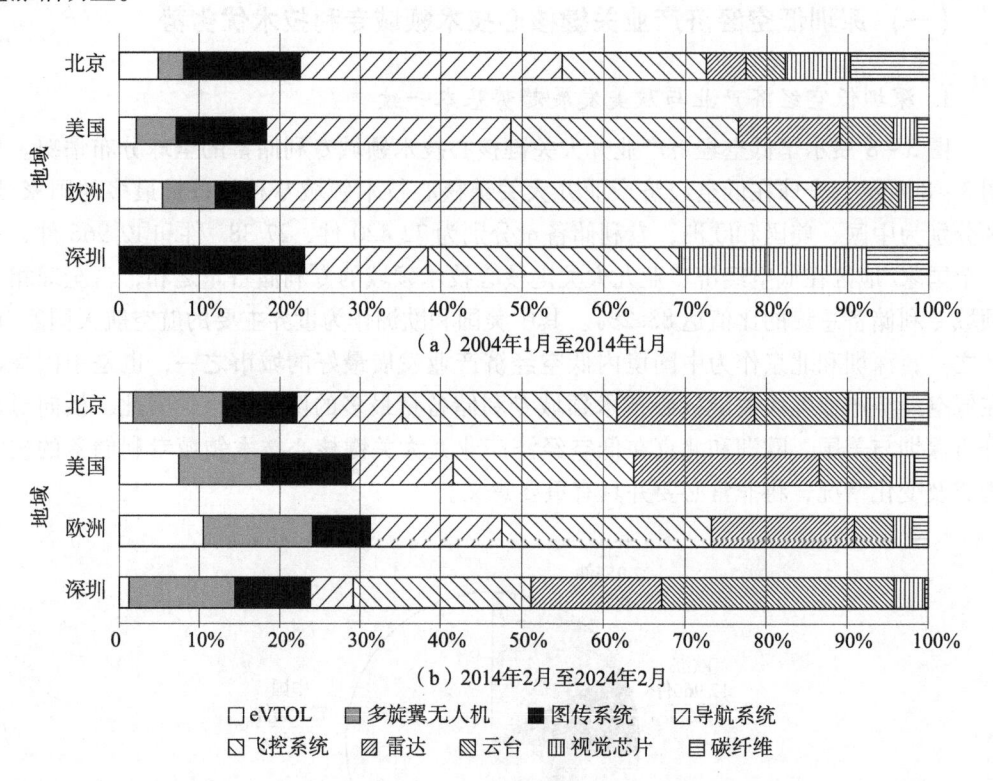

图 3-9　深圳与美国、欧洲和北京 2004~2024 年不同时间段专利储备的技术构成变化情况

2. 深圳在低空经济产业关键核心技术领域呈现"1422"分布，即 1 个绝对优势、4 个相对优势、2 个潜力、2 个弱势领域

图 3-10 展示了中国境内在低空经济产业关键核心技术领域专利储备量排名前 15 位城市的情况。如图 3-10 所示，深圳在云台技术领域占据绝对专利技术优势，专利储备量达 2519 件，遥遥领先于国内其他城市，拥有以大疆、道通智能等为代表的多家重点企业。在雷达、飞控系统、图传系统和多旋翼无人机领域，深圳与北京同处于国内第一梯队，专利储备量分别为 1406 件、1936 件、830 件和 1163 件，远高于北京以外的其他中国境内城市，其中，在多旋翼无人机方面的专利储备量略胜于北京，位居全国首位；在雷达、飞控系统和图传系统三个技术领域的专利储备量稍弱于北京，均位列全国第二。在视觉芯片和 eVTOL 领域深圳处于全国中上游水平，具有良好的发展潜力，处于中国境内第二梯队，专利储备量分别为 338 件和 106 件，其中视觉芯片领域伴随着深圳人工智能产业的高质量发展，前景极为可观；eVTOL 领域则与北京、上海和南京同为全国仅有的四个专利储备量过百城市；此外，深圳在 2023 年接连引进国内外

多家 eVTOL 龙头企业，政策、基建、应用场景频频上新；2024 年 1 月，深圳市成为低空融合飞行示范区 eVTOL 首飞测试城市；2024 年 2 月，全球首条 eVTOL 跨城跨湾航线成功演示飞行，可以预见，深圳 eVTOL 方向同样未来可期。在碳纤维和导航系统两个技术领域，深圳的专利技术实力相对薄弱，专利数量分别为 38 件和 471 件，其中，碳纤维领域中国境内专利技术水平总体不高，排名靠前的城市中仅北京、上海和西安的专利储备量超过百件，深圳在碳纤维领域的专利储备量排名非常靠后；北京在国内导航系统领域占据绝对领先优势，专利储备量高达 1372 件，深圳与其相比，存在明显差距，截至检索日期，北京在导航系统领域的专利储备量为深圳的 2.9 倍。

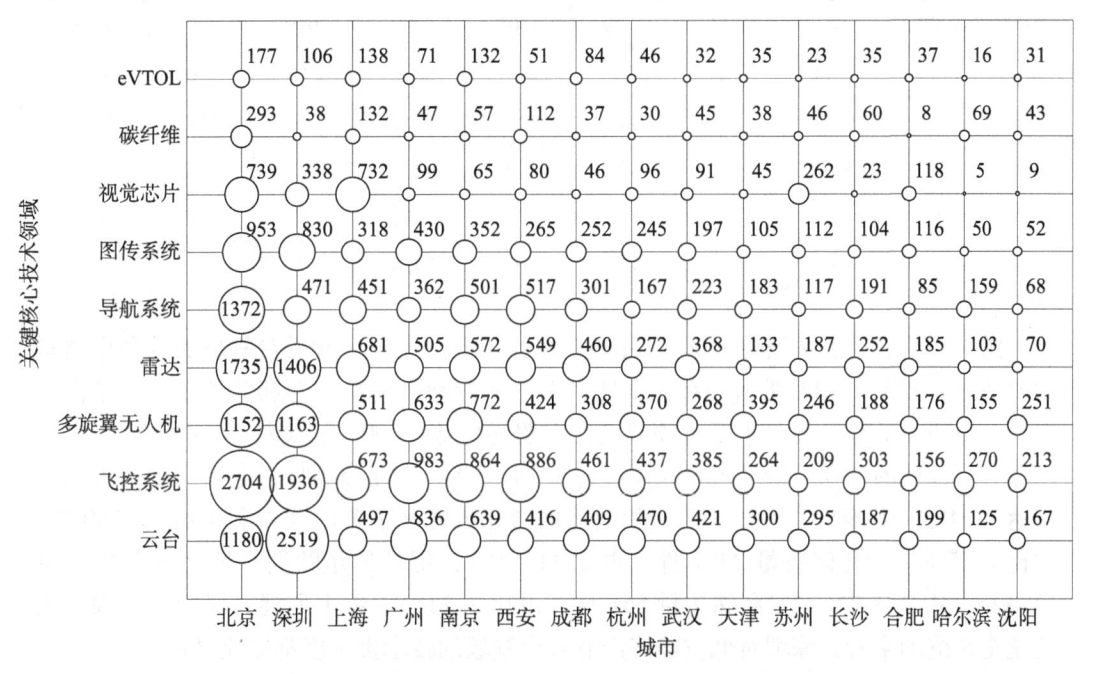

图 3-10 中国境内低空经济产业关键核心技术领域专利储备量排名前 15 位城市的情况

注：图中数据表示专利量，单位为件。

综上所述，深圳在低空经济产业九大关键核心技术领域呈现"1422"分布，即 1 个绝对优势领域（云台）、4 个相对优势领域（雷达、飞控系统、图传系统和多旋翼无人机）、2 个潜力领域（视觉芯片和 eVTOL）、2 个弱势领域（碳纤维和导航系统）。

（二）深圳低空经济产业发展方向

1. 云台专利技术自成一档，占据绝对优势，可积极借助高校力量，在精准测量、货物投放、物流配送辅助机构等细分方向谋求云台领域新发展，以进一步稳固技术领先地位

表 3-6 展示了中国境内在低空经济产业云台领域主要城市的专利分布情况。如表 3-6 所示，2003 年以来，深圳在低空经济产业云台领域的专利申请量为 5097 件，

专利储备量为 2519 件，专利有效量为 1919 件，中国专利申请量为 3041 件，海外专利申请量为 2056 件，各项数据指标皆处于中国境内独一档，远超排名第二的北京，相比于广州、南京和上海等中国境内其他城市，更是领先较多。

表 3-6 中国境内在低空经济产业云台领域主要城市的专利分布情况

城市	专利申请量（件）	中国专利申请量（件）	海外专利申请量（件）	专利储备量（件）	发明专利储备量（件）	发明专利储备量占比（%）	专利有效量（件）	发明专利有效量（件）	有效发明专利占比（%）
深圳	5097	3041	2056	2519	1505	59.7	1919	899	46.8
北京	1766	1694	72	1180	601	50.9	941	310	32.9
广州	1144	1091	53	836	351	42.0	649	158	24.3
南京	905	895	10	639	271	42.4	481	116	24.1
上海	727	683	44	497	237	47.7	381	101	26.5
武汉	646	644	2	421	159	37.8	319	65	20.4

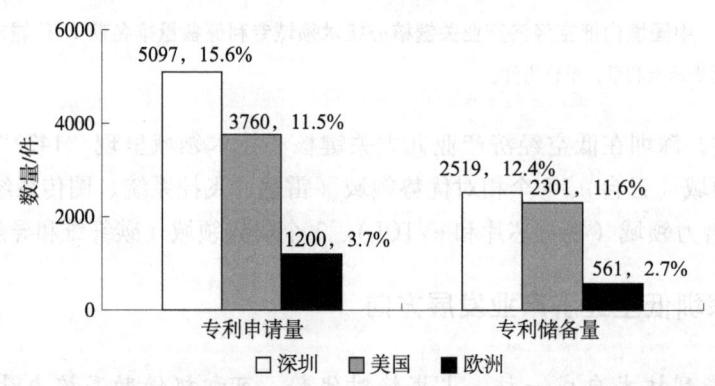

图 3-11 展示了深圳与全球主要国家/地区在低空经济产业云台领域的专利申请量对比情况。如图 3-11 所示，对比全球，无论从专利申请量、专利储备量，还是占比来看，深圳在低空经济产业云台领域也存在明显优势。2003 年以来，深圳在低空经济产业云台领域的专利申请量占该领域全球专利申请总量的 15.6%，专利储备量占比也高达 12.4%；甚至以一城比一国，相应数据指标也皆高于美国（专利申请量 3760 件，占比 11.5%；专利储备量 2301 件，占比 11.6%），更是远超欧洲全境（专利申请量 1200 件，占比 3.7%；专利储备量 561 件，占比 2.7%）。综上所述，无论从中国境内还是全球范围来看，深圳对低空经济产业云台领域的技术贡献度都非比寻常。

图 3-11 深圳与全球主要国家/地区在低空经济产业云台领域的专利申请量对比情况

深圳在云台领域的技术分布集中于云台结构、电气元件、相关图像处理技术领域；而以高途乐、波音、雷神、亚马逊等企业为代表的美国创新主体，则在精准测量、货物投放、物流配送辅助机构等细分领域拥有充足的技术积累，技术实力不容小觑。美国是空域发展强国，低空产业发展具备坚实基础。为确保深圳在云台领域的高质量发展和领先优势，建议深圳后续在云台领域可重点关注上述美国代表性企业所重点布局的细分方向。围绕上述建议的重点布局方向，表3-7展示了一批掌握较好研发基础的高校院所的名单及其在相关领域的专利布局情况。由表3-7可以看出，北京和南京两座城市均在云台领域拥有不错的高校研发实力，深圳后续可重点考虑与之谋求合作。其中北京的北京理工大学、北京航空航天大学、清华大学在精准测量、可广泛应用于物流配送领域的物料投放装置和抓取结构等细分方向均有一定技术研究基础；南京的南京航空航天大学、南京理工大学、东南大学在物流配送辅助机构和精准测量等云台领域的细分方向拥有一定的技术积累。

表3-7 云台领域建议重点合作的高校院所及其专利布局情况　　　　单位：件

城市	高校	专利申请量	专利储备量	优势细分应用领域
北京	北京理工大学	36	29	精准测量、物料投放装置和抓取结构
北京	北京航空航天大学	47	26	精准测量、物料投放装置和抓取结构
北京	清华大学	26	20	精准测量、物料投放装置和抓取结构
南京	南京航空航天大学	52	26	物流配送辅助机构、精准测量
南京	南京理工大学	36	26	物流配送辅助机构、精准测量
南京	东南大学	32	25	物流配送辅助机构、精准测量

值得指出的是，上述六所高校，除南京理工大学外，其余五校皆在深圳设有研究院或研究生院，分别为北京理工大学深圳研究院、深圳北航新兴产业技术研究院、深圳清华大学研究院、清华大学深圳国际研究生院、南京航空航天大学深圳研究院和东南大学深圳研究院。其中，清华大学深圳国际研究生院已经在深圳提交了3件关于云台技术的专利申请；北京理工大学、北京航空航天大学、南京航空航天大学、东南大学则还未在深圳布局云台领域的专利技术。深圳可加大力度推进相关院校在云台领域的技术创新进程，在精准测量、货物投放、物流配送辅助机构等云台技术的细分方向上重点发力，对标国际，进一步稳固深圳在低空经济产业云台领域的技术领先优势。

2. 四个相对优势领域，可重点培育中小科技企业力量，同时对标国际，借鉴美国"链式集群"发展模式，加强与日韩等制造业强企的技术合作，化指为拳，变相对优势为绝对优势

（1）重点培育中小科技型企业力量，以免被北京拉开差距

图3-12展示了深圳与北京在飞控系统、图传系统、雷达和多旋翼无人机四个相对优势领域的专利储备量对比情况。由图3-12对比分析可知，深圳在以上四个关键核心技术领域与北京长期处于伯仲之间的相对优势状态，北京于2019年前后在以上四个关键核心技术领域的专利储备量均开始呈现明显增势，原因在于自2019年开始，北京围绕无人机等低空经济产业相关领域出台了系列鼓励政策，尤其在2021年，北京地

区贯彻落实中共中央、国务院《国家综合立体交通网规划纲要》的要求，响应"低空经济"产业发展的国家规划，开始大力鼓励各类创新主体参与及开展低空经济产业技术研发，全方位发力关键核心技术领域的专利布局，使得北京于2021年前后，在以上四个关键核心技术领域开始出现与深圳拉开差距的趋势。

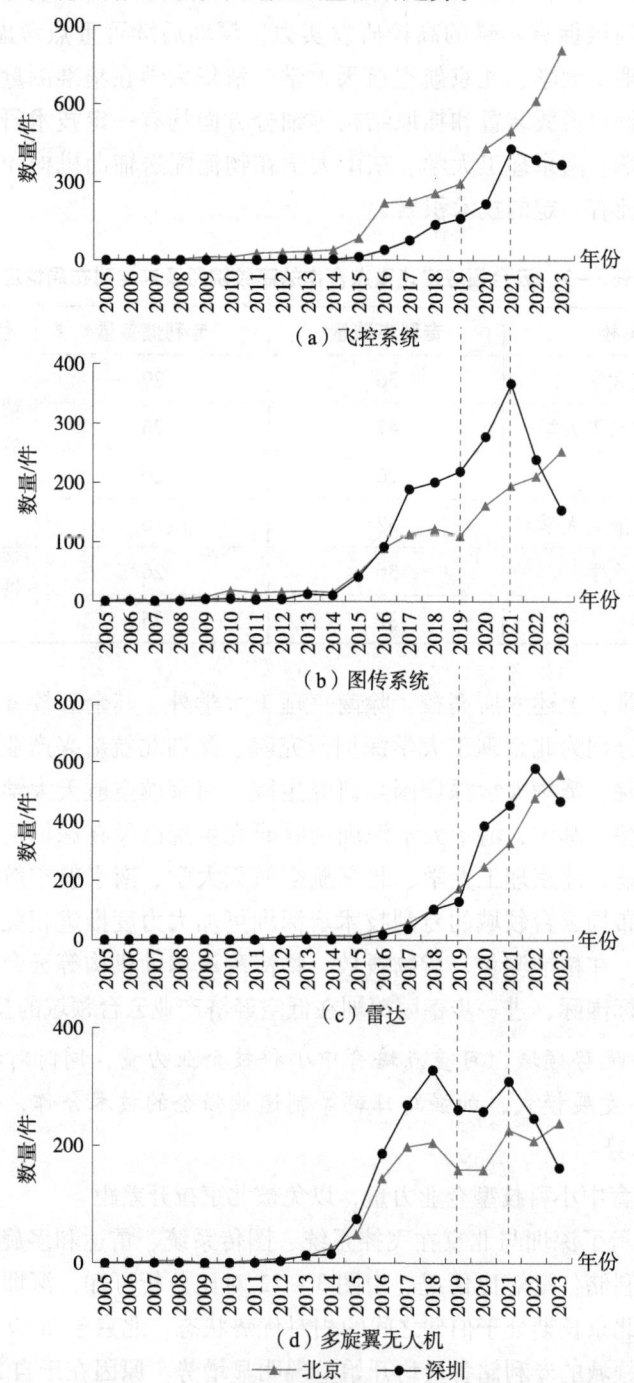

图 3-12　深圳与北京在四个相对优势领域的专利储备量对比情况

2021年以前，在上述四个关键核心技术领域，深圳和北京的专利技术创新实力相当，甚至深圳还时常领先；但从2021年开始，北京在上述四个领域呈现快速上升趋势。经过进一步分析发现，北京在上述四个关键核心技术领域实现专利技术快速增长的原因有以下几方面。一是北京高校林立，图3-13展示了北京在飞控系统、图传系统、雷达和多旋翼无人机四个关键核心技术领域高校院所群体专利公开量之和占全市相应总量的比值情况。如图3-13所示，2021年前后，北京的高校院所在该四个关键核心技术领域的专利技术占比均维持在较高水平，尤其在多旋翼无人机和飞控系统两个领域，北京高校院所对于城市的专利技术贡献占比一度超过50%接近60%，带动了北京在上述四个关键核心技术领域的快速发展。

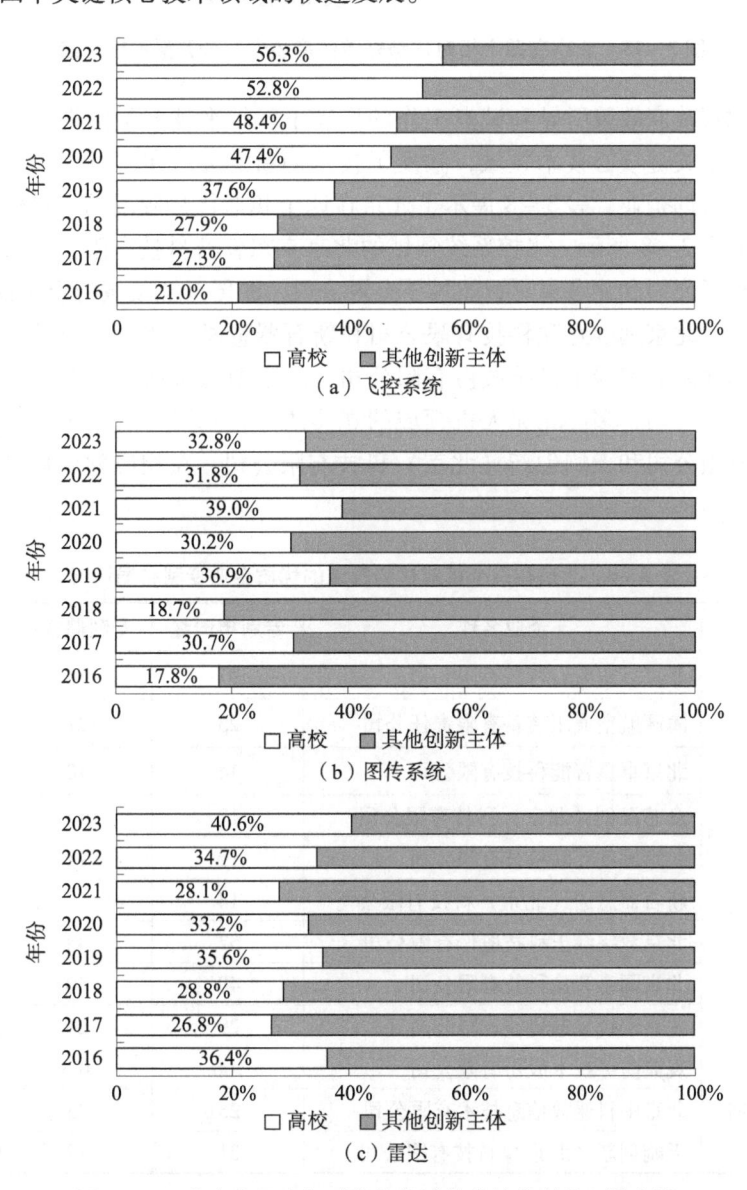

(a) 飞控系统

年份	高校占比
2023	56.3%
2022	52.8%
2021	48.4%
2020	47.4%
2019	37.6%
2018	27.9%
2017	27.3%
2016	21.0%

(b) 图传系统

年份	高校占比
2023	32.8%
2022	31.8%
2021	39.0%
2020	30.2%
2019	36.9%
2018	18.7%
2017	30.7%
2016	17.8%

(c) 雷达

年份	高校占比
2023	40.6%
2022	34.7%
2021	28.1%
2020	33.2%
2019	35.6%
2018	28.8%
2017	26.8%
2016	36.4%

图3-13 北京在四个相对优势领域的高校专利公开量占比

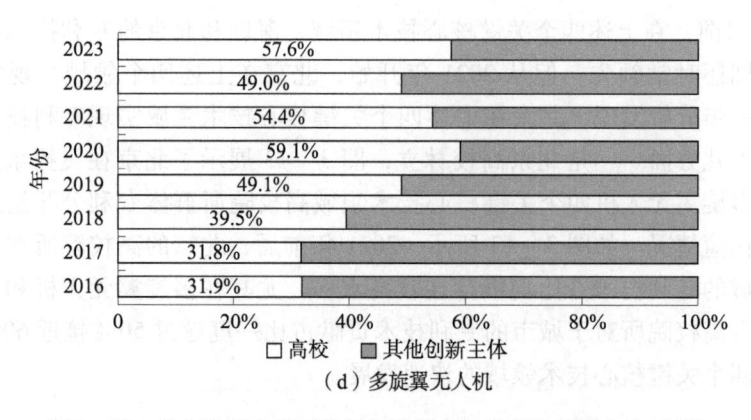

```
2023  57.6%
2022  49.0%
2021  54.4%
2020  59.1%
2019  49.1%
2018  39.5%
2017  31.8%
2016  31.9%
```
□ 高校 ■ 其他创新主体

（d）多旋翼无人机

图 3-13　北京在四个相对优势领域的高校专利公开量占比（续）

二是在北京政府政策引导和试点工作的推动下，越来越多不同类型的创新主体主动入局上述四个关键核心技术领域，激发了技术创新潜力，在此过程中涌现了一批技术实力不俗的科创企业。表 3-8 展示了北京在四个相对优势领域的一批优质企业及其专利情况。如表 3-8 所示，飞控系统领域的北京京东乾石科技有限公司、海鹰航空通用装备有限责任公司和北京卓翼智能科技有限公司，图传系统领域的众芯汉创（北京）科技有限公司、北京远度互联科技有限公司和新石器慧通（北京）科技有限公司，机载雷达领域的北京数字绿土科技股份有限公司、北京图森智途科技有限公司和北京宏锐星通科技有限公司，多旋翼无人机领域的观典防务技术股份有限公司、北京中科遥数信息技术有限公司和天崎创新（北京）科技有限公司，在相应领域均具有一定的专利技术积累。

表 3-8　北京在四个相对优势领域的优质企业专利布局情况　　　单位：件

技术领域	企业名称	专利申请量	专利储备量	专利有效量
飞控系统	北京京东乾石科技有限公司	97	86	40
飞控系统	海鹰航空通用装备有限责任公司	25	21	6
飞控系统	北京卓翼智能科技有限公司	14	10	7
图传系统	众芯汉创（北京）科技有限公司	17	15	8
图传系统	北京远度互联科技有限公司	12	12	12
图传系统	新石器慧通（北京）科技有限公司	14	7	4
雷达	北京数字绿土科技股份有限公司	57	48	33
雷达	北京图森智途科技有限公司	40	40	16
雷达	北京宏锐星通科技有限公司	29	26	20
多旋翼无人机	观典防务技术股份有限公司	108	103	90
多旋翼无人机	北京中科遥数信息技术有限公司	25	25	25
多旋翼无人机	天崎创新（北京）科技有限公司	21	17	16

三是深圳低空经济产业领头羊大疆于2021年开始对专利策略进行调整，开始主动放弃一些专利储备，同时新增布局的专利技术也开始优中选优、求质不求量，而大疆对于深圳整个低空经济产业专利技术的贡献度占比极高、影响极大，这也是直接导致深圳在低空经济产业多个细分领域的专利布局数量显著减少的重要因素。

不同于北京可以借力丰富的高校资源促进专利技术产出，深圳主要依靠企业力量，因此，一方面要鼓励科技型企业集群加大技术研发投入。表3-9展示了深圳在上述四个相对优势领域专利储备量排名前十位的创新主体情况，这些企业可以作为深圳发展低空经济产业飞控系统、图传系统、雷达和多旋翼无人机领域的重点扶持、关注和培育对象。如表3-9所示，大疆在四个领域的专利储备量均在220件以上；道通智能在飞控系统、图传系统、雷达和多旋翼无人机领域的专利储备量分别为242件、83件、45件和75件；华为在雷达领域的专利储备量有443件，位列第一；在图传系统领域也榜上有名，专利储备量为49件。此外，飞控系统领域的丰翼科技，自主研发飞机及相关系统多年；图传系统领域的容祺智能，是工业无人机领域的国家高新技术企业，掌握了关键技术，是该领域的重要新生力量；雷达领域的镭神智能、欢创科技和砺剑天眼科技也有很大发展潜力，其中镭神智能是业内唯一实现激光雷达国产化的企业，砺剑天眼科技是国内首家致力于轻小型机载激光雷达的高新技术企业及国家军转民重点示范企业，欢创科技在激光雷达测距领域位于行业前列；多旋翼无人机领域的互酷科技，推出了国内首款车载智能无人机，背靠母公司吉利深厚的科技创新基础和广阔的市场前景，实力毋庸置疑。这些企业在各细分领域已有一定的技术实力，虽然专利储备量尚且没有太多，为10~20件，但未来如果能进一步加大研发投入，积累多项核心专利，发展前景可期。

表3-9 深圳在四个相对优势领域专利储备量排名前十位的创新主体情况 单位：件

序号	飞控系统创新主体	专利储备量	图传系统创新主体	专利储备量
1	大疆	899	大疆	228
2	道通智能	242	道通智能	83
3	腾讯	36	华为	49
4	普宙科技	22	腾讯	28
5	深圳供电局	17	深圳市大疆灵眸科技有限公司	15
6	丰翼科技	16	普宙科技	13
7	互酷科技	15	容祺智能	13
8	南方科技大学	15	清华大学深圳研究生院	7
9	中国科学院深圳先进技术研究院	13	深圳供电局	7
10	哈尔滨工业大学深圳研究生院	13	深圳大学	7

续表

序号	雷达创新主体	专利储备量	多旋翼无人机创新主体	专利储备量
1	华为	443	大疆	300
2	大疆	292	道通智能	75
3	速腾聚创	93	丰翼科技	34
4	道通智能	45	科卫泰	32
5	深圳大学	30	容祺智能	27
6	塞防科技	19	普宙科技	21
7	镭神智能	18	九天创新科技	18
8	欢创科技	14	飞马机器人	15
9	砺剑天眼科技	14	深圳供电局	14
10	腾讯	13	互酷科技	13

另一方面，向外引进具备技术潜力的科创型企业，也是深圳变相对优势为绝对优势、不被北京拉开差距的关键手段。具体可重点关注表3-8所列的企业新秀，其中：①北京远度互联科技有限公司依托清华大学及启迪控股股份有限公司旗下优秀的无人机研发设计团队，专研飞控系统和云台等核心技术10余年，在无人机智能避障、自动巡航、面向复杂环境的自主飞行等技术领域也具有深厚积淀，累计研发投入已超过2亿元，累计申请知识产权超过500项，已获授权近350项，全面覆盖国内外无人机相关各核心技术板块；②北京卓翼智能科技有限公司的技术团队由北京航空航天大学、清华大学和南京航空航天大学等知名高校毕业的博士和硕士组成，拥有多年无人机飞行控制系统的研发经验，2021年12月2日，入选为北京市2021年度第三批"专精特新"中小企业名单；③北京宏锐星通科技有限公司于2021年获批为北京市"专精特新"企业、中关村瞪羚企业，获得国家科技奖励2项，省部委以上奖励11项，从事空天电子信息装备研发和生产，军工资质齐全，主营业务包括雷达对抗、小微雷达、电子蓝军等；④天峋创新（北京）科技有限公司的核心团队来自北京航空航天大学、清华大学、瑞典皇家理工学院和南京航空航天大学等国内外高等院校，申请关键专利100余件，拥有多款自主研发飞行器平台产品，涵盖了无人机产业包括无人直升机、多旋翼、固定翼和复合翼在内的多条产品线，与北京航空航天大学相关专家团队联合组建了新概念飞行器协同创新中心。这四家企业在低空经济相关领域已有大量的技术积累，具有良好的技术基础，深圳进行相关领域企业/技术引进时，可作为优先考虑对象。

（2）对标国际，借鉴美国"链式集群"发展模式，加强与日韩等制造业强企的技术合作，强化相对优势领域技术实力

放眼国际，传统制造强国、强企对于低空经济产业的影响仍深远且持续。表3-10展示了全球主要国家/地区在四个相对优势领域专利申请量TOP 50的创新主体分布情况。如表3-10所示，在全球专利申请量排名前50位的创新主体中，美国在飞控系统、

图传系统、雷达和多旋翼无人机四个领域分别占据16个、22个、22个和10个席位，这些创新主体多为美国的老牌制造强企；中国排名第二，在飞控系统、图传系统和雷达领域，进入全球专利申请量 TOP 50 的创新主体数量均少于美国，分别为10家、11家和16家，不过，中国在多旋翼无人机领域进入全球专利申请量 TOP 50 的创新主体数量最多，共27家，远远多于美国；而日本、韩国和欧洲在四个相对优势领域进入全球专利申请量 TOP 50 的创新主体数量均不超过10个。

表3-10 全球主要国家/地区在四个相对优势领域专利申请量 TOP 50 的创新主体分布情况

单位：个

国家/地区	飞控系统	图传系统	雷达	多旋翼无人机
美国	16	22	22	10
中国	10	11	16	27
日本	9	10	3	4
韩国	2	3	3	4
欧洲	9	2	5	5

经过进一步研究发现，美国在四个相对优势领域采用"横跨多技术链的整合型企业强力带动+单链上优质企业聚集助腾飞"的"链式集群"发展模式。飞控系统在整个低空经济产业的技术地位至关重要，负责控制无人机的飞行姿态和导航，现在的低空设备能够实现更高级别的自主飞行能力，如避障、自动返航、目标跟踪等，都离不开飞控技术的发展。作为飞控系统领域的龙头，波音是最早参与无人机研制的企业之一，虽然波音在民用领域尚未有涉足，但从1945年世界上第一架火箭动力试验机 XS-1 到 2003 年首飞的 X-50 无人机验证机都能看得到其身影。其在飞控系统的专利布局优势明显，专利储备量、专利有效量分别超过大疆的 25%、50%，且自2019年以来，年专利布局量一直维持在150件以上，足见其对飞控系统的重视程度和技术产出的持续性；以飞控系统为基石，波音在低空设备的其他技术领域也有诸多布局，其在图传系统、雷达和多旋翼无人机三个领域的专利申请量均能排进全球前十。除波音以外，美国还有诸多企业同样在多个关键核心技术领域多点开花，如霍尼韦尔（Honeywell）和亚马逊均在多个关键核心技术领域表现不俗。霍尼韦尔在飞控系统、图传系统和雷达三个领域排进全球前十；亚马逊则在飞控系统、图传系统和多旋翼无人机领域拥有诸多专利技术，在多旋翼无人机领域专利数量排名高居全球第五位。波音、霍尼韦尔以及亚马逊这些集整合与创新于一身的企业，强势带动美国在飞控系统、图传系统、雷达以及多旋翼无人机等关键核心领域的技术进步。再加上飞控系统领域的联合工艺公司、西科尔斯基和贝尔直升机，图传系统领域的谷歌、高途乐和微软，雷达领域的伟摩、雷神公司和卢米诺技术公司，以及多旋翼无人机领域的特克斯特朗、西科尔斯基和小鹰公司，在单个技术链的助推效应下，美国在低空经济产业的上述四个关键核心技术领域形成了由点到面、多线并进的技术创新"链式集群"。

与美国在四个相对优势领域展现出的全面强劲实力不同，日本、韩国和欧洲则显得有所"偏科"。不过，诸如日本的索尼、三菱、丰田、小松制作所和日本电气，韩国的三星和LG等制造业强企构建的低空经济产业集群在飞控系统和图传系统两个领域仍有较强积累；法国的空客则在飞控系统领域实力强劲，其专利技术实力仅次于波音公司和大疆；此外，法国的鹦鹉股份在飞控系统、图传系统和多旋翼无人机领域皆有一席之地，其中在图传系统和多旋翼无人机领域能排进全球前20；欧洲的泰利斯和欧洲直升机公司分别在雷达和多旋翼无人机领域具备不俗的专利技术实力。建议深圳对标国际，学习美国"链式集群"发展模式，在打造本土强势整合型企业的基础上，引进日本、韩国和欧洲三个国家/地区在四个相对优势领域的优质企业，或与之寻求合作，以强化相对优势领域的技术实力，争取变相对优势为绝对优势。

3. 对标先进找差距、乘势而为，潜力产业也可实现新突破

（1）本土培育与外地招引企业双管齐下，助力深圳视觉芯片进入国内第一梯队

2017年以来，我国"缺芯"问题受到社会关注，视觉芯片不仅影响低空经济产业，还广泛应用于智能驾驶、智能手机、医疗影像、安防监控等热门领域，对于一个地区的高质量发展至关重要。该领域核心技术长期由美国和日本主导，自2018年起，美国和日本对中国实施了一系列的技术出口限制和封锁措施，让我国快速意识到科技自立自强、解决"卡脖子"痛点的必要性。图3-14为我国境内主要城市在视觉芯片领域的专利储备情况。数据显示，北京和上海专利储备量相当，属于第一梯队，专利储备量均在700件以上；深圳暂处于第二梯队，但专利储备量不到北京和上海的一半，仅338件；广州和南京属于第三梯队，专利储备量分别有99件、65件。

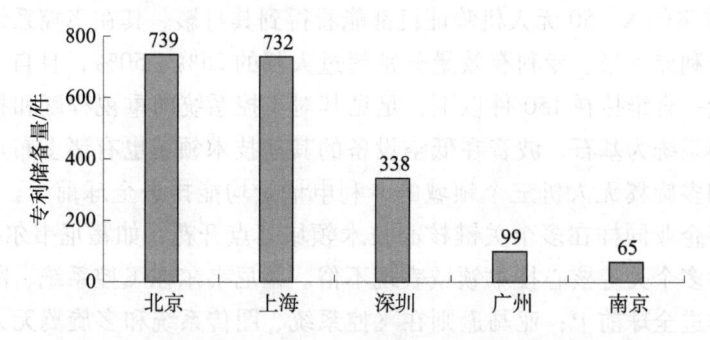

图3-14 我国境内主要城市在视觉芯片领域专利储备情况

图3-15展示了我国境内主要城市在视觉芯片领域的创新主体构成分布情况。如图3-15所示，北京、上海和深圳都是以企业主体的专利贡献为绝大多数，也就是说，深圳与北京和上海在视觉芯片领域的专利技术创新差距主要在于企业主体。

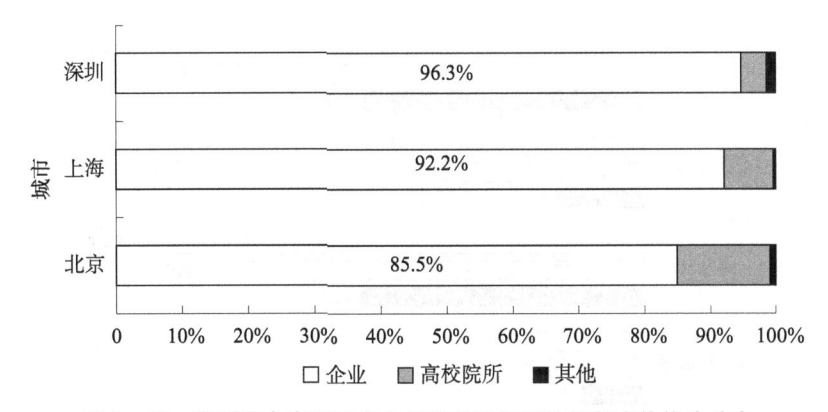

报告三 深圳市低空经济产业关键核心技术领域专利导航分析

图3-15 我国境内主要城市在视觉芯片领域的创新主体构成分布

图3-16展示了北京、上海和深圳在视觉芯片领域各自重要企业的专利对比情况。通过图3-16可以看出，深圳视觉芯片领域重点企业的专利技术实力，与北京和上海的重点企业相比还存在明显差距，例如北京的中科寒武纪、上海的上海寒武纪，无论专利申请量、专利储备量还是专利有效量均高于深圳的云天励飞，且深圳拥有的优势企业数量也不如北京和上海的数量，深圳仅云天励飞表现较为突出，北京和上海分别有2家和4家重点企业。不过，深圳已开始大力发展半导体与集成电路产业，相继出台了一系列利好政策，发布了产业集群行动计划，市政府重大项目往该产业倾斜，从资金、平台、政策、人才、产业园区等多方面扶持产业发展。处于深圳低空经济产业视觉芯片领域领军地位的云天励飞更是一家于深圳本土创立、快速成长起来的独角兽企业，并于2023年上市；此外，深圳还拥有如表3-11所列四家优质半导体/芯片企业——汇顶科技、比亚迪半导体股份有限公司、阜时科技和双十科技，这些企业都是在低空设备视觉芯片领域有一定专利技术产出的优质半导体/芯片企业，在芯片及相关领域均具备良好的技术基础和成长潜力，例如汇顶科技和比亚迪半导体股份有限公司总体专利储备量均高达1000件以上。深圳可重点关注这些本土企业，加大力度促进本土创新，根据低空经济产业发展规划，引导这些企业加大对低空经济产业视觉芯片领域的研发力度。

另外，深圳提前谋划，已然引进多家视觉芯片领域的龙头/优质企业，包括寒武纪和地平线机器人等，但这些企业在深圳的专利技术创新表现并不如预期。值得指出的是，上海寒武纪作为北京中科寒武纪100%控股企业，被引入上海后，专利技术创新活力一骑绝尘，甚至在视觉芯片领域的专利储备量超过中科寒武纪母体。这可能与上海以下两方面的政策有关：一是上海在出台产业相关政策时，会突出强调要强化专利技术创新产出等知识产权保护和服务要求；二是上海出台了较大力度的资金补助政策，明确指出对计算机视觉等AI关键技术项目给予最高2000万元财政支持。上海对于外地招引企业的创新激活手段，值得深圳认真学习和研究。

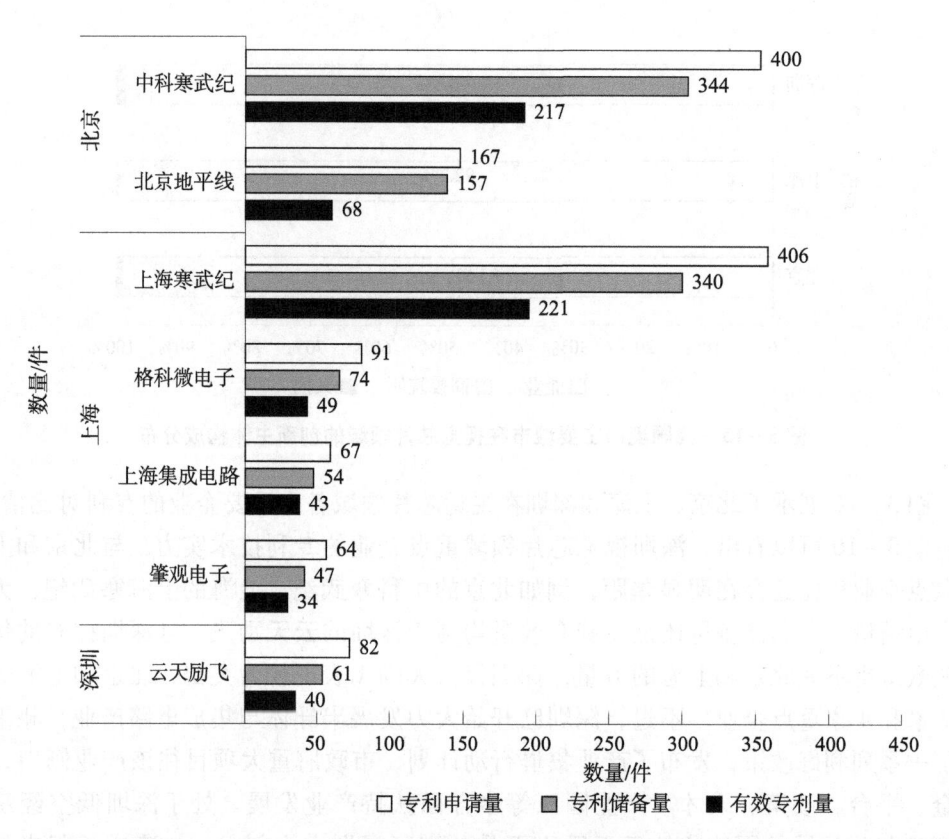

图3-16 北京、上海和深圳视觉芯片领域重要企业的专利对比情况

表3-11 深圳优质半导体/芯片企业　　　　　　　　　　　　　　　　　单位：件

深圳潜力企业	视觉芯片专利储备量	总体专利储备量
汇顶科技	21	4490
比亚迪半导体股份有限公司	6	1297
阜时科技	4	610
双十科技	4	306

（2）充分利用作为低空经济产业综合示范区的优势，积极盘活外地招引企业创新活力，全面促进eVTOL领域快速发展

图3-17展示了eVTOL领域全球主要国家/地区的专利储备量情况。如图3-17所示，eVTOL作为新兴领域，全球专利储备量整体偏少。根据全球eVTOL领域的专利储备量排名，美国、中国、欧洲依次排名前三，专利储备量均在1000件以上，远高于排名第四的日本；中国位居第二，专利储备量为1597件，与排名第一的美国差距不大，一定程度上表明中国在eVTOL领域具备良好的技术基础。

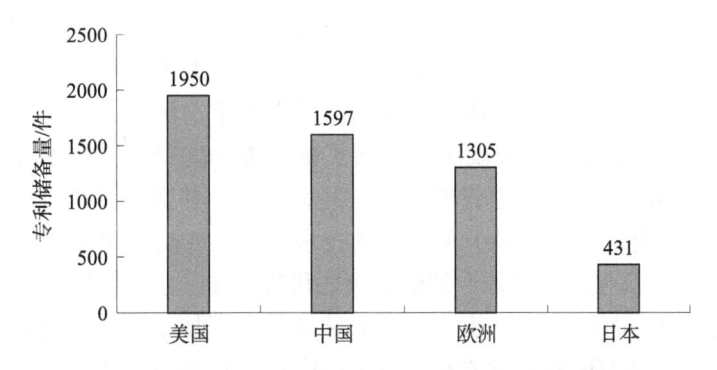

图 3-17 eVTOL 领域全球主要国家/地区的专利储备量情况

图 3-18 展示了中国境内在 eVTOL 领域专利储备量的城市排名情况。如图 3-18 所示，通过中国境内专利储备量排名可以看出，eVTOL 领域发展较为均衡，虽然尚未出现占据明显优势地位的城市，但深圳与北京、上海、南京的专利储备量皆已超过百件，专利储备量分别为 106 件、177 件、138 件和 132 件，技术积累优于成都（84 件）和广州（71 件）等其他城市。可以推测，就中国境内而言，深圳已具备跻身"eVTOL 第一梯队"的潜力。值得一提的是，广州虽然拥有小鹏汇天、亿航和广汽集团等一批长期致力于电动垂直起降和飞行汽车研发制造的本土企业，以及广东合利智能科技有限公司等一批在低空飞行行业领先的运营服务商，具备雄厚的低空资源和产业基础，但在 eVTOL 领域的专利储备量、专利有效量、有效发明专利占比等数据指标仅为深圳相应数值的 60%~70%，反映出两座城市在 eVTOL 领域研发实力的差距；而至于广东省内的其他城市，仅珠海在 eVTOL 领域的专利储备量接近 50 件，佛山、东莞、湛江和肇庆等城市在 eVTOL 领域的专利储备量皆不足 20 件，在专利技术创新方面与深圳存在明显差距。

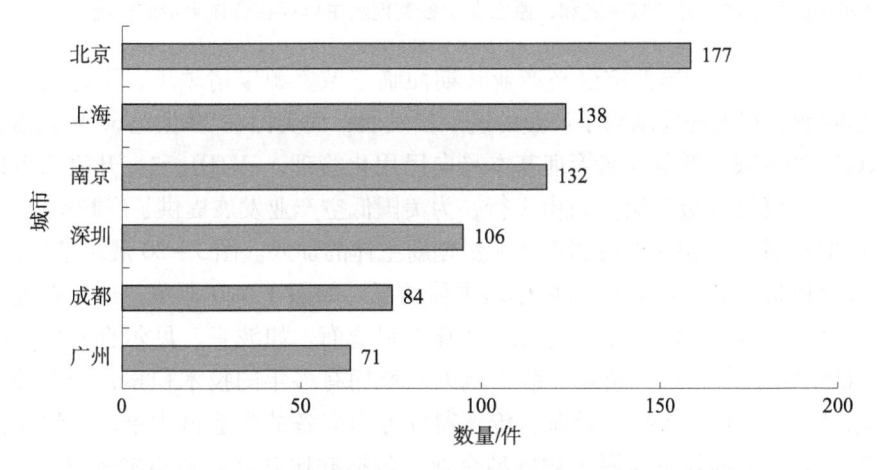

图 3-18 中国境内在 eVTOL 领域的专利储备量城市排名

表 3-12 展示了中国境内 eVTOL 领域主要城市的创新主体构成分布情况；图 3-19 展示了中国境内 eVTOL 领域主要城市的主要创新主体专利对比情况。如表 3-12 和

图 3-19 所示，通过对比分析可以得出，在北京，企业和高校院所两大群体对于 eVTOL 领域的专利技术贡献差距不是很大，其中，企业主体专利储备量之和稍高于高校院所群体，排名靠前的创新主体以北京航空航天大学、清华大学、北京理工大学等高校为主；在南京，主要以高校院所的创新贡献为主，高校院所群体的专利储备量之和占南京 eVTOL 领域专利储备总量的比值高达 56.1%，并且几乎以南京航空航天大学一己之力支撑起了南京全市在 eVTOL 领域的技术发展，该校在 eVTOL 领域的专利储备量为 62 件，占南京高校院所群体专利储备量之和的八成以上，是南京 eVTOL 领域专利储备总量的近一半；而深圳和上海在 eVTOL 领域的专利技术创新，均主要来源于企业主体，企业主体在 eVTOL 领域的专利储备量占比分别为 84.9% 和 73.2%，其中，上海拥有沃兰特、时的科技和磐拓航空等 eVTOL 重点企业，深圳拥有大疆、道通智能、智航无人机和翔农创新科技等无人机研发制造商。综上所述，从市场角度来看，深圳在 eVTOL 领域未来要领跑全国，上海无疑是最大的竞争对手，而北京和南京相对丰富且成熟的高校资源，有望成为深圳补强技术实力的重要创新源泉，深圳应当提前争取、早作谋划。

表 3-12　中国境内 eVTOL 领域主要城市的创新主体构成分布情况

城市	专利储备量（件）			专利储备总量*（件）	专利储备量占比（%）		
	企业	高校院所	其他		企业	高校院所	其他
北京	90	70	20	177	50.8	39.5	11.3
上海	101	19	18	138	73.2	13.8	13.0
南京	37	74	22	132	28.0	56.1	16.7
深圳	90	5	12	106	84.9	4.7	11.3

* 该列数值并非之前各列数字之和，原因在于各类创新主体存在合作申请的情况。

值得指出的是，我国低空经济产业长期面临空域资源申请烦琐、飞行服务保障能力不足等问题，较大程度制约了产业的进一步发展；而美国在 20 世纪 60 年代就开放了 3000 米以下的空域，低空空域管理基本趋向民用化管理，eVTOL 和直升机都可以在无限制空域（一般为 G 级空域）自由飞行，为美国低空产业发展提供了广阔空间。此外，美国在 eVTOL 领域的快速发展离不开大量创新主体的加入。图 3-20 展示了美国在 eVTOL 领域专利储备量排名前 12 位的创新主体情况。如图 3-20 所示，这些企业可以分为两类：第一类创新主体是传统飞机或直升机制造商，如波音、贝尔直升机、威斯克航空和西科尔斯基等，这些企业在航空航天领域拥有多年的技术积累，加上美国本土企业在原材料、芯片、飞控、导航、传感器等方向完备的产业链供给，很快就抢占了先发优势；第二类创新主体属于初创型企业，包括乔比升高、阿切尔航空、贝塔、赛峰、小鹰公司和阿拉基等，欧美活跃的风险投资和资本市场，为这类企业提供了充足的资金支持，推动了它们对 eVTOL 的研发制造、试飞、适航取证等环节的投入。

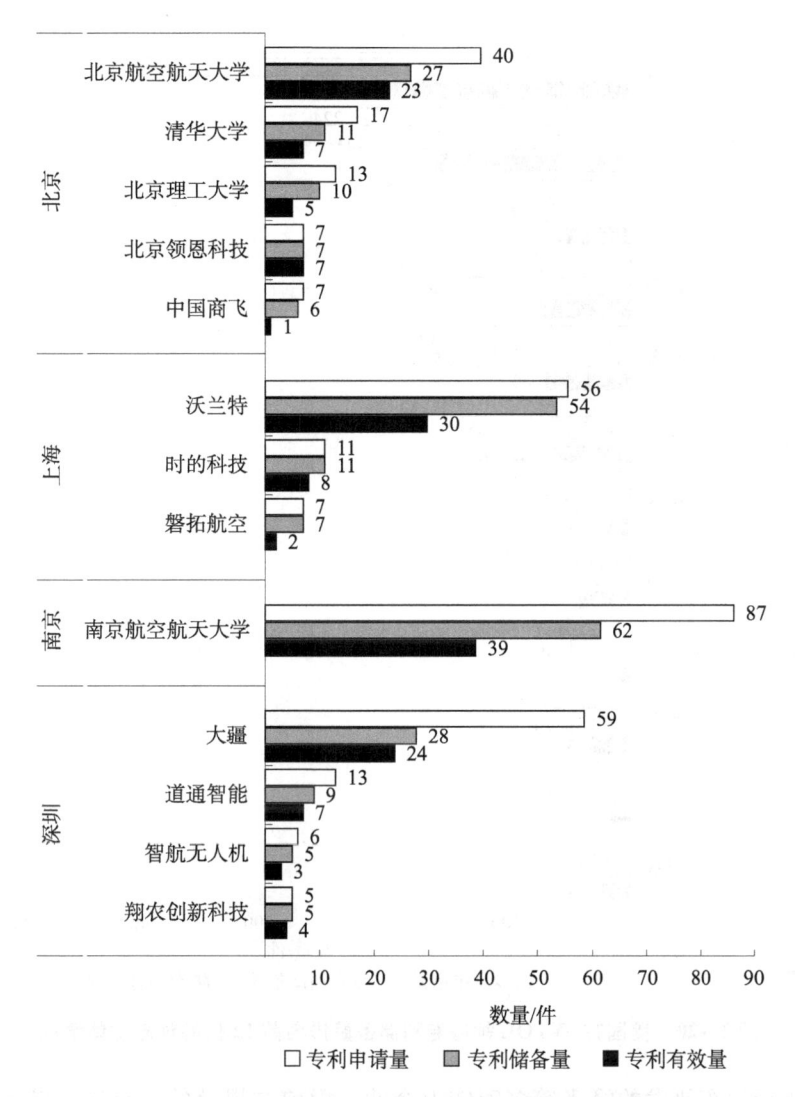

图 3-19 中国境内 eVTOL 领域主要城市的主要创新主体专利对比情况

回看深圳，2022 年被确定为中国特色社会主义先行示范区，放宽了航空领域准入限制，开始进行低空空域管理试点，为深圳 eVTOL 产业发展争取到一定主导权。此外，深圳正在大力发展电化学储能产业，并且乘借新能源汽车产业发展"东风"，作为全球新能源汽车产业链最完善的城市，基本形成从电化学材料、动力电池、电机、电控、电动总成、配套充电设施到整车制造，集研发、生产及销售于一体的完整产业链条，叠加深圳作为"无人机"之都，具有集研发、设计、制造、试飞、运维于一体的完整无人机产业链，同样具备无人机和新能源两个坚实的产业基础；除此之外，深圳市政府在企业投融资的扶持力度空前加大，出台了系列政策，并且自 2022 年至今，已陆续发布多项低空经济产业规划和地方法规为产业发展提供有力支撑，2023 年更是成功引入全球知名 eVTOL 研发制造商 Lilium、国内全球首家上市的飞行汽车企业亿航、国内

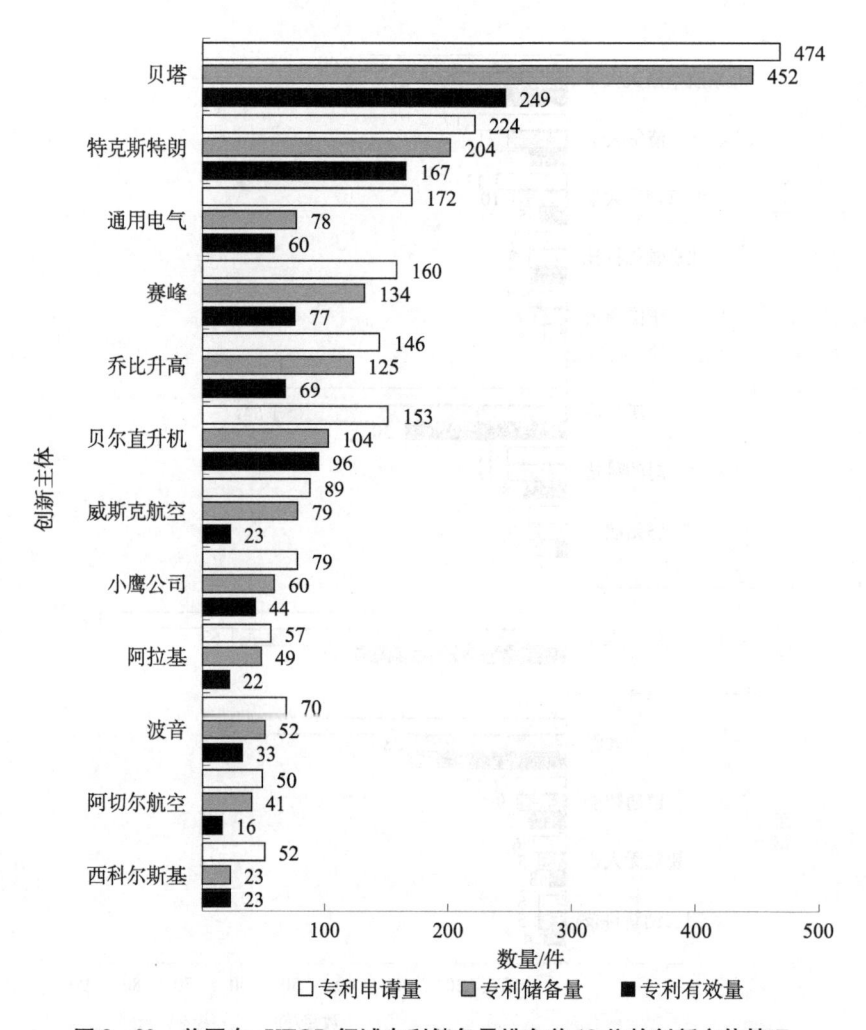

图 3-20 美国在 eVTOL 领域专利储备量排名前 12 位的创新主体情况

最早涉足飞行汽车研发的峰飞等多家链上企业，而前文提及的北京航空航天大学、清华大学、南京航空航天大学等高校也早在多年前引入深圳，设立了研究院。以上诸多利好因素，与上述美国 eVTOL 领域所处发展环境高度相似，建议深圳充分利用自身作为低空经济产业综合示范区的优势，认真研究美国发展路径，借助无人机和电化学储能两个优势产业、相对开放的低空空域、引入的龙头企业及重点高校院所资源等优势，积极盘活外地招引企业及高校院所创新活力，在已有发展基础上，推动产业结构升级，尽快在 eVTOL 领域的竞相追逐中赢得先机、站稳优势。

4. 聚焦薄弱领域发展特点，因势利导，寻求发展契机，争取补齐产业短板

（1）深圳碳纤维技术基础薄弱，可采取"企业和高校两条腿走路"策略，以加快步伐补齐技术短板

一直以来，碳纤维凭借其低密度、高强度、高刚性等优异性能，被誉为"新材料之王"和"黑色黄金"，是制造飞机和各种航天器的理想材料。美国和日本最先发现碳

纤维的价值，并先后掌握了碳纤维核心技术，为确保自身利益，两国更是形成联盟，一度联合垄断了全球70%以上的碳纤维产能；此外，美日联盟还将高端碳纤维列为管制物资，严格控制向中国等第三世界国家的出口。图3-21分别展示了中国、日本和美国在碳纤维领域专利公开趋势。由图3-21也可以看出，早期的碳纤维专利申请主要由日本和美国提交，中国境内对于碳纤维的研究始于20世纪60年代，但受限于碳纤维核心技术被长期封锁的困境，直到2004年才由主营鱼竿的光威公司实现技术突破，其生产的碳纤维性能达到国际先进碳纤维标准，自此被美日联合垄断长达40年之久的碳纤维技术开始实现国产替代；之后我国碳纤维技术开始快速发展，专利申请量也随之快速增长并于2016年左右年专利申请量超过日本，至今每年专利申请量位居世界第一。我国已掌握T300、T700、T800千吨级技术，2018年更是自主研发出一条百吨级T1000碳纤维生产线，2022年我国碳纤维产能达到11.2万吨，仅次于日美两国，位居世界第三。

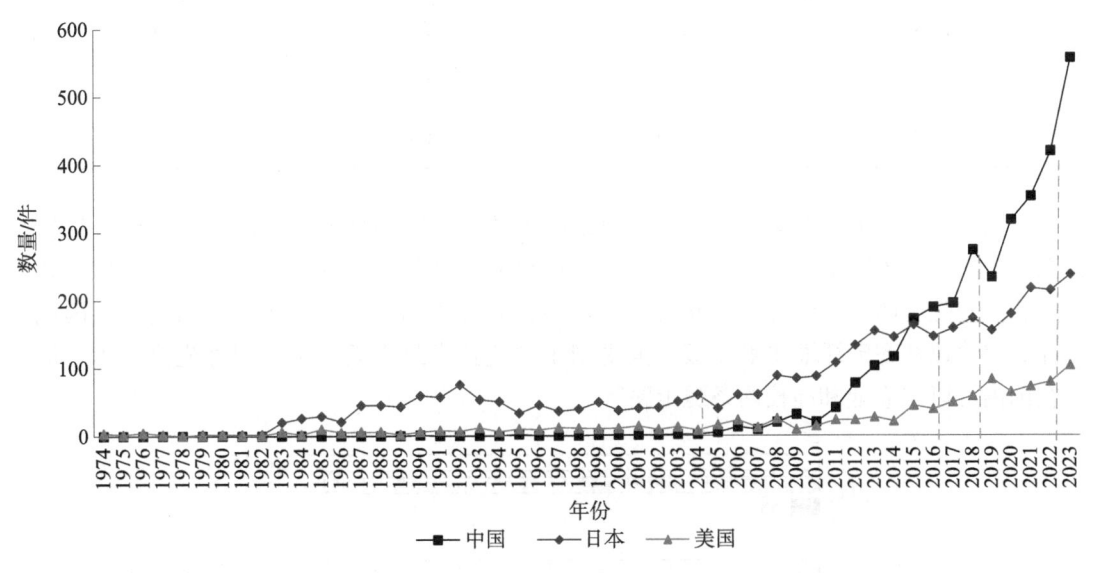

图3-21 中国、日本、美国在碳纤维领域专利公开趋势

实际上，碳纤维不仅是低空飞行器等航空器的重要原材料，也在交通运输、新能源等领域有着广泛的应用和巨大的潜力。当前深圳正在大力发展低空经济和新能源汽车等产业，对于高端碳纤维的需求有增不减。图3-22展示了深圳在碳纤维领域的专利申请情况。如图3-22所示，深圳在碳纤维领域的专利技术积累非常薄弱，

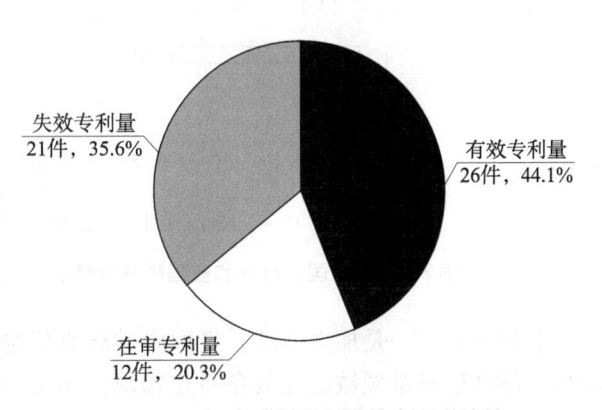

图3-22 深圳在碳纤维领域的专利申请情况
（失效专利量 21件，35.6%；有效专利量 26件，44.1%；在审专利量 12件，20.3%）

专利申请量不到60件，专利储备量不到40件，并且数据还显示深圳在碳纤维领域专利申请量超过10件的创新主体为0。可见深圳在碳纤维领域需求极大但技术基础极为薄弱，碳纤维技术是深圳诸多产业高质量发展急需补齐的突出短板。

表3-13展示了碳纤维领域全球主要国家的专利情况。由表3-13可知，中国境内碳纤维领域的专利储备量和专利有效量分别为2010件和1453件，均位居全球第一；日本排名第二，专利储备量和专利有效量分别有1260件和936件；美国排名第三，专利储备量和专利有效量分别有446件和308件。不过，从专利申请量来看，日本排名第一，专利申请量为3586件，中国和美国紧随其后，专利申请量分别为3226件和1009件。

表3-13 碳纤维领域全球主要国家的专利情况　　　　　　　　　　单位：件

专利来源国	专利申请量	专利储备量	专利有效量
日本	3586	1260	936
中国	3226	2010	1453
美国	1009	446	308

图3-23展示了中国、日本和美国碳纤维领域不同类型创新主体的专利储备量情况。如图3-23所示，我国与日本和美国的创新主体构成存在明显不同。在我国，企业和高校院所两大主体的专利储备实力相当，而日本和美国均以企业申请为主。因此深圳想快速补齐碳纤维技术短板，虽受制于日美技术封锁无法引入国外先进技术，但在国内可以"企业和高校两条腿走路"。

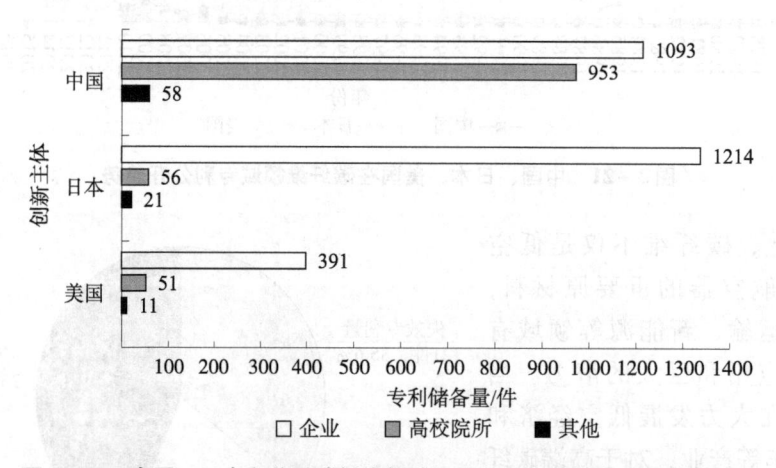

图3-23 中国、日本和美国碳纤维领域不同创新主体的专利储备量情况

具体而言，一是加大力度，将国内碳纤维优强企业引进来。图3-24展示了中国境内一批在碳纤维领域已经具备一定市场竞争力的高质量企业。如图3-24所示，这些企业包括恒神股份、中复神鹰和光威复材。其中，恒神股份是江苏一家长期专注于

航天用碳纤维细分领域的国家级制造业单项冠军企业；中复神鹰是江苏连云港一家在小丝束碳纤维方向处于国内领导地位的高新技术企业；山东威海的光威复材作为我国最早实施碳纤维国产化的企业，是我国军民用航空航天领域碳纤维主力供应商。这些企业不但掌握国内最先进的碳纤维技术，还围绕碳纤维产业上中下游等相关领域储备了诸多专利，三家企业的专利申请量均在400件以上，专利储备量均在396件以上，专利有效量均在200件以上；此外，恒神股份的发明专利有效量也超过了百件，可见这些企业均具备良好的专利技术基础，可作为深圳快速补齐碳纤维及相关产业链技术短板的首选引进对象。

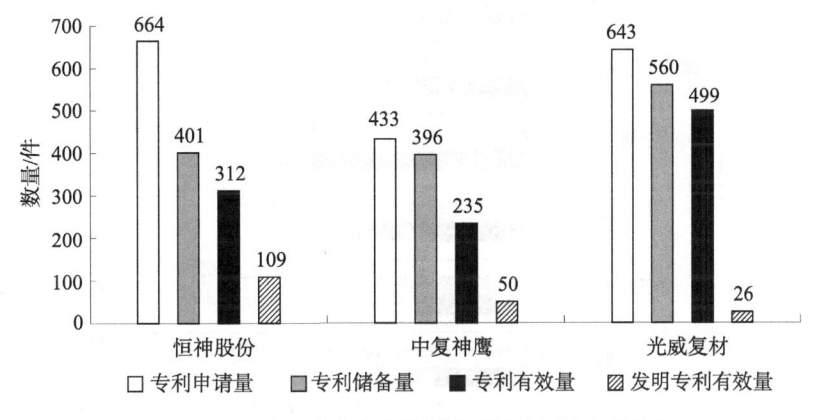

图3-24 建议引进企业碳纤维及相关领域专利情况

此外，对于重点碳纤维企业的培育，可学习借鉴碳纤维领头羊日本东丽的成长路径。日本东丽最初仅在体育领域发力，后面凭借技术的不断创新和积淀，业务逐步扩展到航空航天、工业、风电、汽车、建筑等各行业，最终成为全球碳纤维材料引领者。在碳纤维领域的专利申请量共1261件，占全球碳纤维专利申请总量的13.4%，超过日本碳纤维专利申请总量的1/3，遥遥领先于其他创新主体。日本东丽的制胜秘诀可总结为以下两点：第一，在发展前期充分运用"专利策略+收购兼并"实现技术积累，通过专利许可先后获得大阪工业技术试验所和美国联合碳化物公司的核心专利技术，并通过专利购买得到了东海电极公司和日本碳素公司10年的碳纤维生产技术，集合了当时最先进的碳纤维技术，一跃成为行业龙头后，又先后收购碳纤维增强塑料制品制造商ACE、美国大丝束碳纤维龙头企业卓尔泰克、意大利制造商纱帝公司的碳纤维和半固化片业务等，实现碳纤维全产业链生产和供应。第二，在发展全过程，日本东丽坚持创新引领发展并非常注重知识产权保护，该公司的专利申请已遍布日本、美国、欧洲、中国和韩国等全球25个国家/地区，涉及上游碳纤维制备、中游碳纤维复合材料、下游碳纤维应用等全产业链，帮助其维持行业领头羊地位构建了严密的专利保护网。

二是积极借助高校科研院所的力量，夯实碳纤维基础技术。图3-25展示了中国境内在低空经济产业碳纤维领域具有较好技术研发基础的高校院所及其专利情况。如图3-25所示，北京化工大学、东华大学、上海交通大学、浙江大学和哈尔滨工业大学等，在低空经济产业碳纤维领域已有一定的专利积累，并且这些高校院所在碳纤维领域的"产学研"合作比较活跃且兼具技术科研实力，其中北京化工大学、东华大学和上海交通大学分别与国内外11家、8家和6家不同企业合作产出过碳纤维专利技术；浙江大学和哈尔滨工业大学深圳研究院更是已经分别与深圳企业合作提交过有关专利申请，为后续深入合作打下良好基础。

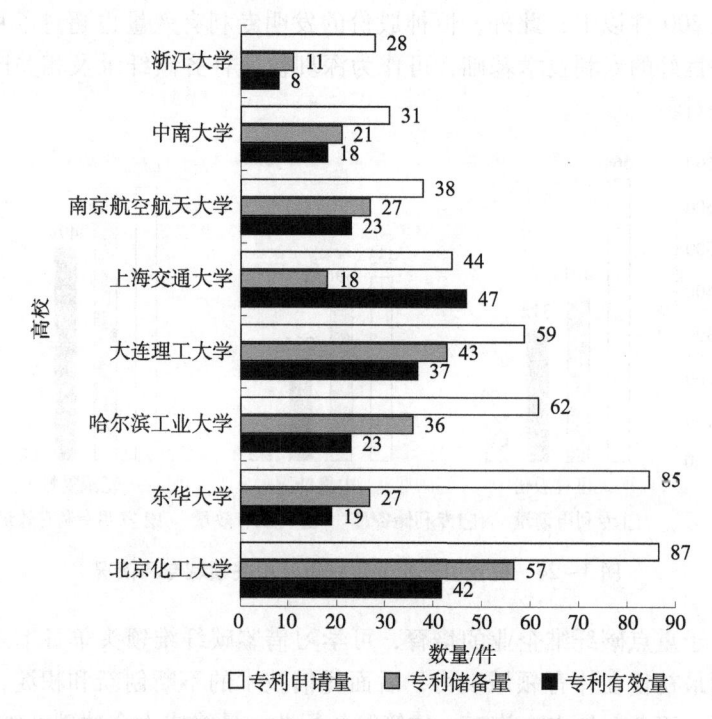

图 3-25 我国境内低空经济产业碳纤维领域高校专利排名

（2）深圳导航系统领域两极分化严重，可围绕智能驾驶的自主式导航技术精准发力，打开弯道超车新局面

PCT申请、多局同族专利是衡量专利价值的重要指标。在全球多个国家和地区同步申请专利保护的技术往往创新度更高、技术更为重要，因此筛选、统计、对比"PCT申请+同族数量>2"的专利数量情况，可更好地体现各国的专利技术实力。

图 3-26 展示了导航系统领域全球主要国家/地区的专利情况。由图 3-26 可以看出，虽然中国的专利储备量最多，共7162件；但"PCT申请+同族数量>2"的专利数量较少，仅1231件。相比之下，美国和欧洲在导航系统领域的"PCT申请+同族数量>2"的专利数量和专利储备量均优势明显。其中，美国的"PCT申请+同族数量>2"的专利数量和专利储备量分别有6369件和3749件；欧洲"PCT申请+同族数量>2"的专利数量和专利储备量分别为4470件和2224件。

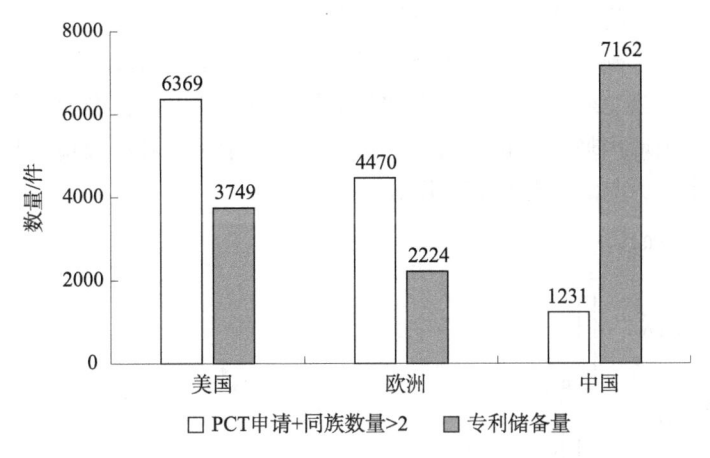

图 3-26 导航系统领域全球主要国家/地区的专利情况

表 3-14 展示了导航系统领域全球专利数量排名前十位的创新主体情况。由表 3-14 可以看到，除大疆以外，全球排名前十位的创新主体全部都是欧美企业，其中美国企业有 6 家，法国企业有 3 家。从专利布局数量看，美国的霍尼韦尔和波音属于第一梯队，"PCT 申请+同族数量>2"的专利数量均在 700 件以上，波音的专利储备量高达 659 件；泰利斯、空客和高通属于第二梯队，"PCT 申请+同族数量>2"的专利数量均在 500 件左右，专利储备量在 200 件以上；大疆位列第六，其"PCT 申请+同族数量>2"的专利数量和专利储备量分别有 350 件和 180 件；通用电气、雷神、欧洲直升机和罗克韦尔柯林斯的排名依次处在第七至第十位，"PCT 申请+同族数量>2"的专利数量均在 100 件左右，专利储备量除欧洲直升机外均高于 100 件。结合前文可知，导航系统领域的核心专利绝大多数掌握在欧美企业手中，从综合实力来看，美国处于世界领先水平，欧洲第二，中国次之。

表 3-14 导航系统领域全球专利数量排名前十位的创新主体情况　　　　单位：件

序号	企业	所属国家	PCT 申请+同族数量>2	专利储备量
1	霍尼韦尔	美国	733	420
2	波音	美国	704	659
3	泰利斯	法国	538	381
4	空客	法国	524	252
5	高通	美国	492	215
6	大疆	中国	350	180
7	通用电气	美国	201	119
8	雷神	美国	160	103
9	欧洲直升机	法国	99	61
10	罗克韦尔柯林斯	美国	88	174

图 3-27 展示了我国境内导航系统领域主要城市的专利情况。如图 3-27 所示，在导航系统领域，北京断层第一，专利储备量和专利有效量分别为 1372 件和 902 件；西安和南京依次位居第二和第三名，专利储备量均在 500 件以上，专利有效量均在 300 件以上；深圳在我国境内城市中排名第四，但专利储备量和专利有效量均只有北京的 1/3 左右，专利技术实力与北京相比存在明显差距。

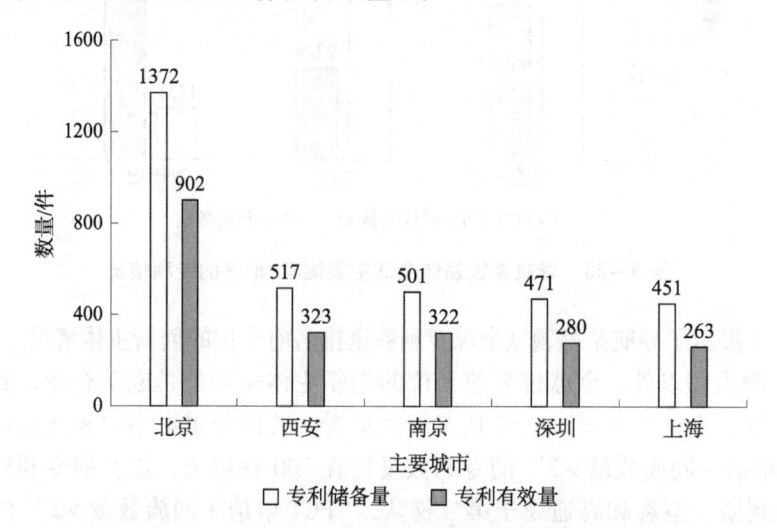

图 3-27 我国境内导航系统领域主要城市的专利情况

图 3-28 展示了深圳在导航系统领域的创新主体排名情况。通过图 3-28 可进一步发现，深圳在导航系统领域，除大疆外，其他创新主体的专利储备量以及专利有效量均在 30 件以下，甚至大部分企业的相应数量都仅在 10 件左右。相较于美国和北京，深圳在导航系统领域呈现以下特点。

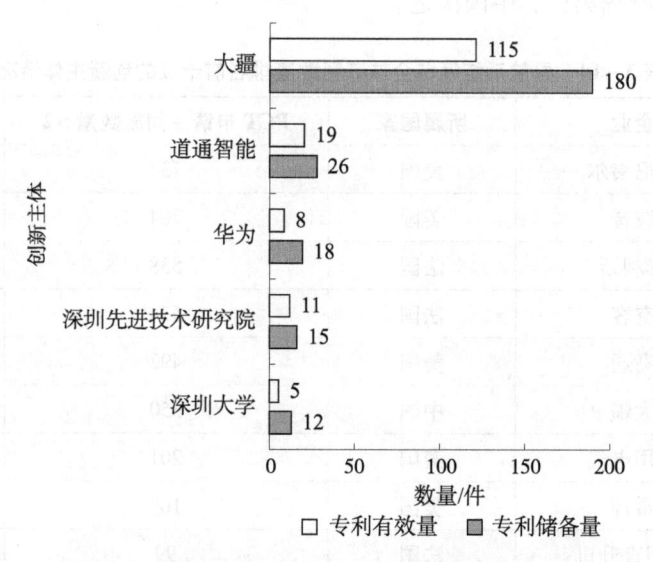

图 3-28 深圳在导航系统领域的创新主体排名情况

从企业格局来看,美国导航系统主要生产商均属于各行业巨头,包括全球惯性导航顶尖公司——霍尼韦尔、世界上最大的航空航天制造商——波音、全球最大无线半导体供应商——高通、全球领先的工业科技巨头——通用电气、全球航空电子和通信产品的行业领先者——罗克韦尔柯林斯、美国大型国防合约商及世界通用航空业的领导者——雷神,可谓百花齐放、百家争鸣,正是这些实力强劲的企业奠定了美国导航系统的全球地位。反观深圳,在导航系统领域两极分化严重,大疆一家独大,其他企业则"多散小",过于依赖单一企业可能会导致整个产业存在较高的发展风险,也不利于整个产业良性发展。

图3-29展示了北京和深圳高校院所群体在导航系统领域的专利技术产出占比情况。如图3-29所示,北京在导航系统领域的专利储备中有48.1%来自高校院所,高校院所的专利储备量高达660件,甚至高于深圳全市专利储备总量(471件);而深圳由于高校资源相对匮乏,高校院所群体在低空经济产业导航系统领域的创新产出相对过少,仅占比10.6%。

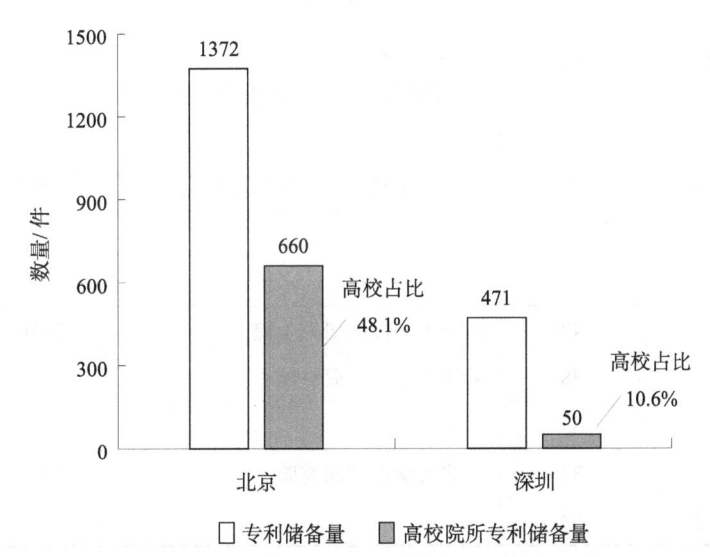

图3-29 北京和深圳高校院所群体在导航系统领域的专利技术产出占比情况

表3-15展示了我国境内在导航系统领域专利储备量排名靠前的高校院所情况。如表3-15所示,我国境内在导航系统领域专利储备量在30件以上的高校院所共16家,其中北京航空航天大学、南京航空航天大学、西北工业大学、电子科技大学、国防科技大学、北京理工大学和哈尔滨工程大学7所高校院所的专利储备量近百件;绝大多数高校在2000年以来,已陆续作为优势资源被深圳引进后设立了研究院,然而这些高校的深圳研究院在导航系统领域的创新产出并不多,大多数专利申请量为0或者寥寥几件,可见外地招引高校院所并未有效支撑深圳在低空经济产业导航系统领域的技术创新。

表 3-15 我国境内在导航系统领域专利储备量排名靠前的高校院所情况   单位：件

高校院所	专利储备总量	招引至深圳后设立的主体	成立时间	专利申请量
北京航空航天大学	192	北京航空航天大学深圳研究院	2010	0
南京航空航天大学	181	南京航空航天大学深圳研究院	2020	1
西北工业大学	119	西北工业大学深圳研究院	1999	2
电子科技大学	113	电子科技大学深圳研究院	2000	0
国防科技大学	95	/		
北京理工大学	95	北京理工大学深圳研究院	2000	0
哈尔滨工程大学	94	哈尔滨工程大学深圳海洋研究院	2018	0
东南大学	76	东南大学深圳研究院	2000	0
哈尔滨工业大学	51	哈尔滨工业大学深圳研究生院	2002	5
		哈尔滨工业大学（深圳）（哈尔滨工业大学深圳科技创新研究院）	2017	2
西安电子科技大学	47	西安电子科技大学深圳研究院	2000	0
电子科技集团公司第五十四研究所	44	/		
清华大学	42	清华大学深圳研究生院	2001	3
浙江大学	38	浙江大学深圳研究院	2002	0
中国民航大学	33	/		
天津大学	32	天津大学深圳研究院	2003	0
南京理工大学	32	/		

基于以上情况，建议深圳从以下两个方面入手，以提升导航系统领域核心竞争力。

一方面，紧抓未来发展方向，精准发力智能驾驶的自主式导航技术，以谋求弯道超车。随着新一代导航系统的不断完善和成熟，飞机导航系统的智能化、自动化已是未来趋势，智能驾驶的自主式导航无疑是未来研发的重点；并且自动导航是实现目标精确打击、高分辨率对地侦察的核心与关键，事关国家安全，是美国、俄罗斯和英国等国家/地区竞相发展的关键核心技术，在常见的天文导航、惯性导航、卫星导航和无线电导航等导航系统中，只有惯性导航属于自主导航，未来深圳可加大自主导航的创新和科技投入。鉴于深圳在导航系统领域的专利技术基础尚不够扎实，建议可先行引进一批在自动导航方向较具实力基础的企业，以快速补齐技术短板，实现精准发力，图 3-30 展示了三家在惯性导航领域具备良好技术基础的企业。如图 3-30 所示，具体包括美国的霍尼韦尔、北京的阿波罗智能技术及星网宇达，其中霍尼韦尔在高性能

IMU和导航系统领域处于领先地位，其惯性导航系统因其高性能、可靠性和适应性享誉全球，被广泛应用于载人和无人飞行器的导航辅助设备中；此外，霍尼韦尔在航空电子设备、发动机和航天航空系统等多个领域均有涉猎，已有2400件专利申请，专利储备量、专利有效量和发明专利有效量分别为1044件、1356件和1297件；阿波罗智能技术是百度的全资子公司，在自动驾驶、智能汽车等领域业内领先，已有1889件专利申请，专利储备量、专利有效量和发明专利有效量分别为1707件、1232件和1089件，其惯性导航系统的研发侧重于与自动驾驶技术相结合，可以实现高精度的定位和环境感知；星网宇达是国内较早进入惯性技术领域的企业之一，惯性导航与卫星通信和智能无人系统为公司的三大业务领域，且已实现核心器件全部自研，实现器件-组件解决方案全产业链打通，已有81件专利申请，专利储备量、专利有效量和发明专利有效量分别为60件、51件和19件。这些企业不但在惯性导航领域颇有建树，还围绕产业链上中下游等相关领域储备了多项专利，具备良好的专利技术基础。此外，也建议深圳鼓励本地企业和研究机构进行研发和技术创新，从而提高深圳导航系统领域的整体创新能力，吸引更多高科技企业和创新型企业进入，以降低对单一企业的依赖。

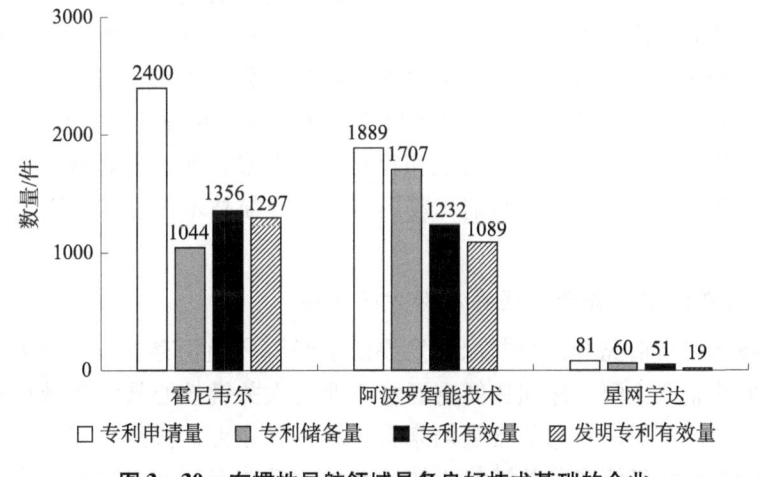

图3-30 在惯性导航领域具备良好技术基础的企业

另一方面，挖掘高校院所创新资源，激活已招引高校院所创新活力，同时积极与全国高校院所加强交流合作，寻求导航系统领域发展新动能，弥补技术短板。建议深圳加大力度，发挥好已引进高校院所的人才科研力量，例如北京航空航天大学的导航工程专业在国内处于领先地位，惯性技术与精密仪器研究所是南京航空航天大学的重要研究中心之一。这些高校院所均拥有大量与其他企业/研究机构的合作申请，深圳可重点挖掘上述已招引高校院所在导航系统领域的技术资源，积极促进本地企业与之开展技术合作，激活已招引高校院所的创新活力，聚焦深圳低空经济产业的发展需求，支撑深圳低空经济产业的创新发展。此外，我国还有诸多在导航系统领域具备技术实力的高校院所，作为我国导航系统的主要研发力量，深圳后续可重点加强与中国人民解放军国防科技大学、中国电子科技集团公司第五十四研究所、南京理工大学和中国矿业大学等高校院所的合作交流，多渠道寻求技术突破，弥补领域技术短板。

四、深圳低空经济产业发展路径规划

（一）深圳低空经济产业现状总结

1. 深圳低空经济产业前景广阔

从深圳在低空经济产业九个关键核心技术领域的整体专利技术创新表现可以看出，深圳低空经济产业前景广阔，其中云台领域全国乃至全球领先；雷达、飞控系统、图传系统和多旋翼无人机四个领域与北京难分伯仲，断层领先于中国境内其他城市；视觉芯片领域虽然受制于美国、日本的封锁，但也有诸如云天励飞这类"算法+芯片"两把抓、于深圳本土创立和成长的人工智能独角兽上市企业，成长前景良好；eVTOL作为新兴领域，深圳与北京、上海、南京同属于中国境内较领先城市，几乎处于同一起跑线，而深圳作为低空经济产业综合示范区，同时拥有无人机、电化学储能两大优势产业，为eVTOL领域的发展提供了坚实的基础，有望成为下一个万亿产业。经分析，深圳仅碳纤维和导航系统两个领域较为薄弱：碳纤维领域由于美日的联合垄断，我国长期处于封锁困境，深圳又相较国内其他城市起步较晚，短板明显；在导航系统领域，我国境内北京绝对领先，其他城市与之相比均存在明显差距，随着低空航天器与智能驾驶趋势愈渐明显，深圳若紧盯智能驾驶的自主式导航技术，也有可能"弯道超车"，迎来新局面。

2. 当前深圳低空经济产业还存在两方面问题

从专利技术创新情况看，当前深圳发展低空经济产业仍存在以下两方面问题：一是过于依赖龙头企业大疆，深圳在低空经济产业九大关键核心技术领域近一半的发明专利有效量、超过三成的专利储备量均来自大疆一家企业，甚至出现由于大疆调整专利策略，深圳在低空经济产业关键核心技术领域的整体专利技术创新活力大幅下降的"假象"，实则深圳还有速腾聚创、云天励飞、科卫泰等细分领域技术实力不俗的企业。这些企业的专利技术产出量仍维持增长趋势，只是受限于体量和规模，在大疆这只庞然大物的参照下，专利技术创新增长趋势难以显现。二是外地招引的企业及高校院所未展露应有的专利技术创新水准，未很好地支撑深圳低空经济产业的创新发展。为助力产业发展，打造创新高地，深圳已陆续引进多家国内外企业及国内重点高校院所，但数据显示，诸如Lilium、亿航、峰飞、北京航空航天大学、南京航空航天大学和上海交通大学等外地招引的企业和高校，大多未能发挥其原有的技术和人才优势，尚未很好地支撑深圳低空经济产业的技术创新发展，在深圳的专利技术产出寥寥无几，甚至为零。

(二) 深圳低空经济产业发展路径规划建议

1. 对比北上，参考国内优势经验做法，取长补短争当国内最优

（1）参考北京"产学研用"一体孵化模式，引入国内外优质高校院所创新资源，结合深圳产业及企业集群优势，将深圳打造为"低空经济产业创新孵化中心"

得益于国内首屈一指的科教资源，北京紧密结合市场需求，聚焦新一代信息技术、人工智能、集成电路、智能装备等产业，构建出以高校院所为主导的"产学研用"一体孵化生态，使北京在低空经济产业诸多关键核心细分领域展现出不俗甚至国内领先的创新优势。其中视觉芯片领域的寒武纪就是北京以高校为主导的"产学研用"生态下诞生的典型代表，该企业由中科院孵化成立，之后与中国科学院及国内多所高校院所开展合作，在技术创新方面迅速发展，核心技术持续突破，专利技术产出屡创新高。深圳虽然高校资源相对匮乏，但企业主导及创新能力在国内独属一档，建议深圳学习参考北京发展模式，引入国内外高校创新资源，发挥自身企业资源上的优势，或鼓励深圳企业主动向国内外优质高校院所寻求创新合作，将深圳打造为由企业主导的"低空经济产业创新孵化中心"。

（2）参考上海样本单点突破，助推重点企业带动深圳低空经济产业发展

虽然上海在低空经济产业的整体技术实力，明显不如北京和深圳，但在视觉芯片领域处于国内领先地位。追溯上海实现单点突破的原因可知，其关键在于政策引领，上海对于外地招引企业的创新激活手段，值得深圳认真学习和研究。表3-16展示了深圳与上海在视觉芯片及相关领域的政策对比情况。如表3-16所示，上海的政策制定发挥了三大作用：一是发挥政策"细"的作用，从关键技术攻关、企业人才扶持到知识产权保护与运用等各方面，上海人工智能相关政策的颗粒度更细，创新主体能够对优惠政策和享受主体了然于胸，从而有效利用；而深圳的相关政策侧重于全面性，相对上位。二是发挥政策"准"的作用，一方面，从引进企业、引入人才两方面双向扶持，给予企业减免租金、融资对接等惠企政策，同时统筹人才户籍办理、子女就学等保障措施，确保企业和人才双向获益；相比之下深圳有所侧重，更加关注对人才本身的支持。另一方面，上海知识产权政策循序渐进，初期明确指出要支持企业开展国内外专利申请，中期开始注重专利转化运用，同时提出专利确权、快速审查、国内外维权等公共资源的倾斜，而最新的政策则强调知识产权运营平台、完善知识产权交易规则等顶层设计，实现知识产权创造、运用、服务与管理的政策三步走，从而助推产业高质量发展；而深圳偏重于专利运用方面，历次政策在知识产权方面均围绕专利转移转化等相关内容。三是发挥政策"重"的作用，上海聚焦视觉芯片等关键技术攻关突破，着重视觉芯片与无人机等领域融合发展，在专项资金、人才培育等方面重点支持，确保政策导向明确、内容细化、措施有效。总结而言，上海对于细分领域的精准施策值得深圳学习研究，尤其对于碳纤维技术和导航系统两个薄弱技术领域的发展，建议深圳参考上海政策制定时关于"细"、"准"和"重"的考量及有效做法，例如未来在智能驾驶的自主式导航技术方向也取得单点突破，打开导航系统领域技术发展新局面。

表 3-16 深圳和上海在视觉芯片及相关领域的政策对比表

年份	深圳		年份	上海	
		政策相关内容			政策相关内容
2019	《深圳市新一代人工智能发展行动计划（2019—2023年）》	**关键共性技术攻关**：重点强化计算机视觉优势，发展新一代语音识别技术，跨媒体感知技术，自主无人智能技术；支持智能芯片、智能传感器、智能无人机等关键零部件、智能产品的研发与产业化，发展3D图像、机器人视觉、汽车自动驾驶、工业医疗等领域智能传感器研发。**企业培育**：积极引进国内外研究机构和国际一流人才团队落户；发挥市级各财政专项资金的支持作用，积极开展人工智能专项扶持计划；鼓励龙头骨干企业、专业化投资机构成立市场化基金，促进社会资本参与人工智能产业发展。**人才培养**：创新海外高层次人工智能人才引进机制，建立与国际接轨的人才招聘、科研资助、人才评价、人才服务等制度，完善人才医疗、教育、出入境及居留等保障措施。**知识产权保护**：深圳加强人工智能领域的知识产权保护，促进人工智能知识产权转移转化。建立人工智能知识产权联盟，构筑知识产权运营服务平台，培养高价值专利，建设知识产权战略储备，引导企业加强知识产权证券化，鼓励企业综合运用专利、版权、商标等知识产权手段打造自有品牌。	2017	《关于本市推动新一代人工智能发展的实施意见》	**关键共性技术攻关**：发挥核心芯片对人工智能产业的引领带动作用，重点发展智能图像处理器等芯片研发和产业化，着力突破面向无人系统等新兴领域的视觉传感器的应用芯片，重点突破面向无人系统等新兴领域的视觉传感器的研发及反转化运用。**企业落户**：针对人工智能领域高峰人才，探索制定个性化政策，开通落户绿色通道。**知识产权保护与运用**：加强知识产权运用和保护，加大对人工智能新技术、新业态和新模式的知识产权保护力度，支持有条件的企业申请国内外专利，开展知识产权评议和专利导航。
			2019	《关于建设人工智能上海高地 构建一流创新生态的行动方案（2019—2021年）》	**重点投资领域**：重点投向AI芯片、传感器、AI算法等智能基础产业，"AI+"垂直应用等领域，以及"泛人工智能"领域，孵化培育10家创新龙头企业，百家创新标杆企业，形成重点产业千亿产值规模。**人才培养**：在类脑智能、计算机视觉、无人系统等领域建成具有国际影响力的人工智能人才团队。**知识产权保护与运用**：加强人工智能领域知识产权国际保护，设立人工智能知识产权国际交易中心，组建人工智能细分领域知识产权联盟，促进人工智能知识产权转移转化。

110

续表

年份	深圳	政策相关内容	年份	上海	政策相关内容
2019	《深圳市战略性新兴产业发展专项资金扶持政策》	**重点支持方向**：新一代信息技术、高端装备制造、绿色低碳、生物医药、数字经济、新材料、海洋经济等深圳市重点发展的战略性新兴产业； **支持标准**：核心技术攻关项目最高1000万元支持，"创新链+产业链"融合项目最高1500万元支持	2017	《上海市人工智能创新发展专项支持实施细则》	**重点支持方向**：支持计算机视觉等人工智能技术的深度融合应用，支持深度学习通用处理器芯片、行业应用芯片研发等研发和产业化，支持无人系统等研发和处理器器件、行业应用芯片、行业应用芯片研发和产业化； **支持标准**：项目支持额度一般不超过项目总投资的30%。总投资在1500万元及以下的一般项目，单个项目金额不超过300万元；总投资1500万元以上的重点项目，单个项目支持金额不超过2000万元

111

续表

年份	深圳	政策相关内容	年份	上海	政策相关内容
2022	《深圳经济特区人工智能产业促进条例》	首部产业专项立法落地。**重点促进**：聚焦人工智能关键核心环节，建立以市场需求为主导、政产学研深度融合的关键核心技术攻关机制，构建覆盖人工智能关键核心技术攻关全周期的扶持政策体系。**财政支持**：加大科技创新财政投入，对人工智能基础研究与技术开发给予支持，根据产业发展实际，在资金、产业用地、人才等方面予以支持，联合社会合力重点设立基金、联合资助、慈善捐赠等形式多渠道参与基础研究与技术开发。**人才引进**：人工智能企业引进境外的人才，在企业设立、项目申报和出入境、住房、汇管理、医疗保障、子女就学等方面人才政策待遇，按照有关规定享受本市人才政策待遇。**知识产权保护与运用**：加强新技术、新业态、新模式知识产权保护，推动建立人工智能产业领域及其关键技术环节知识产权保护制度，完善知识产权保护和成果转化的激励机制，鼓励知识产权保护及其关键技术环节研究，建立科技支持深圳开展产业化研究，推动知识产权产业化资本化	2022	《上海市促进人工智能产业发展条例》	首部省级地方法规。**重点促进**：支持基于智能芯片设计创新，强化软硬件协同适配，结合上海市产业优势和发展基础推动集群发展，鼓励无人机产业基础应用，支持拓展无人机应用场景。**财政支持**：统筹各类专项资金，对人工智能基础研究、技术创新、成果转化、示范应用、人才引进和重要国际合作交流予以支持。对于获得市级资金支持的企业、机构或者项目，各区可以给予相应配套支持。市、区财政部门聚焦人工智能芯片首轮流片等新技术、新产品加强专项支持，探索开展贷款贴息等支持方式。**企业及人才引进**：鼓励园区在人才引进、知识产权保护、上市辅导、投融资对接、租金减免等方面提供服务，将人工智能领域的高技能人才纳入人才政策支持范围。反紧缺人工智能人才政策支持范围，在户籍和居住证办理、住房、子女就学等方面提供便利。**知识产权保护与运用**：建立促进科技成果转化合作，加强知识产权保护，推动科技成果转化相应专业化服务机构；加强知识产权和标准化互动支撑，知识产权应用新成果转化的知识产权创机制，促进技术应用新成果的推广；支持将人工智能领域相关专利申请列入专利快速审查与确权服务范围，完善知识产权海外维权协作保护、快速维权，知识产权海外维权制度

112

续表

年份	深圳	政策相关内容	年份	上海	政策相关内容
2023	《深圳市加快推动人工智能高质量发展高水平应用行动方案（2023—2024年）》	**核心技术突破**：聚焦通用大模型、智能芯片、智能传感器等领域，实施重大专项扶持计划，重点支持基于国内外芯片和算法的开源通用大模型。**资金保障**：加大财政投入力度，支持人工智能创新和应用，发挥政府投资引导基金作用，统筹整合基金集群，形成1000亿元的人工智能股权投融资，鼓励企业在境内外开展创投、风投，支持风投、创投机构对初创企业的投资并购。**企业和人才培育**：支持本地龙头企业加大投入，推动国内外龙头企业在深设立子公司，培育创新型领军企业，深化千亿级龙头企业、单项冠军、专精特新"小巨兽"企业，对创新型专精特新、独角兽企业，人工智能定向招商，对新引进目符合条件的企业给予大力支持；加强高校学科建设，开展高校企联合培养，探索推出企业人才汇聚计划。	2021	《上海新一代人工智能算法创新行动计划（2021—2023年）》	**核心技术突破**：面向计算机视觉等通用技术领域支持机构和企业加快研发，突破核心算法。**资金保障**：加大市级财政对人工智能算法创新支持力度，发挥全市专项资产业发展作用，科技创新社会资本，对各类产业发展、联创研发攻关、应用和创新引导作用，技术研发攻关、应用和创新转化平台建设，人才引进培养等予以支持。**人才引进**：面向国内外顶尖学者、青年科学家、核心算法工程师，进一步加大人才团队引进和创新奖励力度。**知识产权保护与运用**：打造若干算能知识产权运营平台，开展运营和交易试点，促进供需对接，鼓励发展"算商店"等新模式，逐步完善知识产权交易规则。
			2023	《上海市推动人工智能大模型创新发展若干措施（2023—2025年）》	**提升创新要素供给能级**：构建智能芯片软硬协同生态，支持智能芯片企业开展规模化应用和验证，支持打造智能芯片软硬适配体系。**创新扶持**：支持上海市创新主体打造高水平创新企业，支持具有国际竞争力的大模型，对取得重大成果的予以专项奖励。在战略性新兴产业高质量发展、科技重大专项中重点支持大模型创新。**企业和人才培育**：打造人工智能企业集聚高地，鼓励各区聚焦人才研发并加大力度，优先推荐重点产业的高层次人才计划，重点支持紧缺技能人才落户。

续表

	对深圳和上海政策差异的总结
核心技术突破或重点促进领域	上海聚焦视觉芯片等关键技术攻关突破，统筹视觉芯片与无人机等领域融合发展，在专项资金、人才培育等方面重点支持，确保政策导向明确、内容细化、措施有效；而深圳关键技术领域较为上位化
企业和人才培养	从引进企业、引入人才两方面双向扶持，给予企业减免租金、融资对接等惠企政策，同时统筹人才户籍办理、子女就学等保障措施，确保企业和人才双向获益；相比之下深圳有所侧重，更加关注对人才本身的支持
知识产权保护和运用	上海政策循序渐进，初期明确指出要支持企业开展国内外专利申请，中期开始注重专利转化运用，同时提出专利确权、快速审查、国内外维权等知识产权创造、运用、服务与管理的政策则强调知识产权交易平台、完善知识产权运营平台、实现知识产权转移转化等相关内容顶层设计，实现知识产权转移转化等相关内容；而深圳偏重于专利运用方面，历次政策在知识产权方面均围绕专利转移转化等相关内容

2. 对标国际，学习探索美日先进发展路径，打造国际一流"天空之城"

（1）打造一流发展生态，推动产业链式集群化发展

美国在低空经济产业多个关键核心技术领域的全球领先，很大程度上得益于其"链式集群"发展模式。在诸如波音、霍尼韦尔等综合型企业强势带动下，加之各技术链上优质老牌强企表现不俗，美国能够有效整合产业技术资源，提高产业的整体竞争力。相比之下，深圳在雷达、飞控系统、图传系统和多旋翼无人机四个领域暂未形成绝对领先优势，在碳纤维、导航系统两个细分领域的技术创新实力薄弱，建议深圳以链式思维精准招商，依托本土或引入的强势整合型企业，辅之以本土或欧日韩在各技术链的优质企业，围绕"良链"变优、"弱链"变强，打造空间上高度集聚、上下游紧密协同的链式产业集群。

（2）利用已有产业优势，促进产业联动式发展

美国凭借其发达的通用航空业，强势入局eVTOL领域。波音、空客、贝尔直升机等多家传统飞机制造商已进入eVTOL行业，凭借多年的技术积累，以及美国在电池、电动机、电控、轻型复合材料和航空航天系统等关键技术领域的产业链供给，在全球eVTOL领域崭露头角。回看深圳，同样具有无人机、电化学储能两大优势产业，无人机、新能源汽车与eVTOL具有一定的相似性，轻量化材料、卫星导航、自动驾驶、电池技术、激光传感器、飞控系统等领域的技术积累都可以沿用到eVTOL之上，且存在供应链复用。未来深圳可学习参考美国相关产业发展路径，利用好无人机和电化学储能等产业链积淀，促进关联产业之间的产业联动式发展，推动eVTOL领域率先成形成势，登顶第一梯队。

（3）学习日本碳纤维巨头成长路径，培育扶持更多潜力企业，打造低空经济新质生产力

日本东丽是全球碳纤维第一大巨头，探索其崛起之路，关键在于善于运用专利实施战略，在发展初期运用基础专利许可、专利交叉许可、专利转让等实施战略，集合了当时最先进的碳纤维技术，后又通过收购兼并链上企业实现碳纤维全产业链的生产和供应；此外，东丽从20世纪60年代起就坚持进行研发从未间断，碳纤维领域专利申请量居全球首位，且已覆盖全产业链。建议深圳调研学习国外巨头企业成长路径，培育扶持一批潜力企业，鼓励企业做好知识产权全过程管理：一方面，要坚持以创新赋能发展，加强原创性、引领性技术，关键核心技术的高价值专利挖掘与布局；另一方面，用好专利许可、转让、并购、交叉许可等策略，迅速缩短同业内先进企业技术差距，增强自身竞争力，为企业的持续发展和行业地位的提升奠定坚实基础。

3. 深挖内潜自主创新，本土及外地招引主体双向发力激活科技创新原动力

打铁还需自身硬，推动深圳低空经济产业高质量发展，需学习借鉴国内外优势做法，更离不开自主创新的内生动力。

（1）扶持本土企业和高校院所发展壮大，进一步激发本土主体的创新潜力

当前，深圳低空经济产业的链上企业除大疆外，在多个关键核心技术领域还存在

一批潜力企业，并坐拥深圳大学和南方科技大学两所本土的国家知识产权示范高校，基础研发潜力不容小视。表3-17展示了深圳低空经济产业本土重点及潜力企业的技术优势或潜力方向，以及专利分布情况。如表3-17所示，这些企业中如大疆、道通智能、华为等已经在低空经济产业积累形成较多专利技术，诸如容祺智能、普宙科技、腾讯、速腾聚创、云天励飞和科卫泰等企业，虽然在低空经济产业关键核心技术领域专利技术不如头部企业多，但在相关产业和细分领域展现了不俗的技术创新实力，创新潜力可观。建议深圳精准发力，加大对这些企业的扶持力度，培育出一批潜力企业，新增成为低空经济产业创新发展的主力军，助力深圳在低空经济赛道达到新高度。

表3-17 深圳低空经济产业本土重点及潜力企业的专利分布情况　　　　单位：件

企业	优势或潜力方向	低空经济产业专利情况 专利申请量	低空经济产业专利情况 专利储备量	相关产业/领域专利申请量
大疆	产业龙头	6667	2406	18 908
道通智能	飞控系统、图传系统；无人机	1099	701	2728
华为	智能驾驶	740	539	26 196
容祺智能	云台；飞控系统、地面控制系统	186	53	363
普宙科技	无人机云台；飞控、图传领域	132	115	348
腾讯	空域划设和管理平台	115	90	11 832
速腾聚创	雷达	114	94	1252
云天励飞	视觉芯片	82	61	2335
科卫泰	图传系统	72	53	255
哈瓦国际	测绘、安防等特种装备无人机	69	62	235
深圳供电局	电力巡检	66	44	248
飞马机器人	航测/遥感/巡检无人机	63	59	268
丰翼科技	低空物流	60	57	430
汇顶科技	视觉芯片	49	29	4490
互酷科技	飞控系统、车载无人机	43	41	76
比亚迪	碳纤维、视觉芯片	39	31	1297
九天创新	测绘/电力巡检专用无人机	29	26	42
翔农创新	农林植保无人机	28	17	111
智航无人机	垂直起降无人机	24	20	84
镭神智能	雷达	19	18	577
欢创科技	视觉芯片、雷达	19	14	179
砺剑集团	雷达	19	14	68
大漠大智控	低空表演	19	9	56
阜时科技	激光雷达芯片、视觉芯片	12	12	610
双十科技	视觉芯片	4	4	306

（2）培植外地招引企业和高校院所的深圳创新之根，激活和争取外地招引主体的创新动能

由前文可知，一些细分领域的国内外龙头企业早已落地深圳。此外，深圳还引进了诸多海内外知名高校院所，但这些外地招引企业和高校院所中，除地平线机器人、哈尔滨工业大学和清华大学外，均未能有效支撑深圳低空经济产业的科技创新发展。表3-18展示了深圳低空经济产业外地招引企业其母公司及引入后在深圳的专利申请量对比情况。表3-19展示了深圳低空经济产业外地招引高校院所其母校及引入后在深圳的专利申请量对比情况。如表3-18和表3-19所示，这些外地招引企业和高校院所在深圳的专利申请量不多，但其母体在低空经济产业的专利技术创新表现较好，专利申请量大部分超过百件，甚至诸如深圳北航新兴产业技术研究院、北京航空航天大学深圳研究院、南京航空航天大学深圳研究院和电子科技大学深圳研究院的母校，在低空经济产业关键核心技术领域的专利申请量均已超过千件，由此可以看出，深圳在低空经济产业还有很大的创新空间，创新潜力有待深挖。建议深圳聚焦前文所述细分领域特点及创新发展现状，靶向发力，培植、激活表3-18和表3-19所列的外招引主体在深圳的创新之根，推动深圳在低空经济产业"补齐"短板、"拉长"长板、"锻造"新板。

表3-18 深圳外地招引企业其母公司及引入后在深圳的专利申请量对比情况　　单位：件

外地招引企业	企业介绍	母公司专利申请量	深圳专利申请量
亿航	eVTOL领域上市企业，获得全球首张适航证	356	0
峰飞	eVTOL领域龙头企业，获得全球首张吨级以上适航证	112	0
Lilium	德国eVTOL巨头	115	0
美团	低空物流行业标杆	6	1
寒武纪	AI芯片第一股	378	5
地平线	AI芯片独角兽企业，专研智能驾驶	164	26

表3-19 深圳外地招引高校院所其母校及引入后在深圳的专利申请量对比情况　　单位：件

外地招引高校院所	母校专利申请量	深圳专利申请量	创新潜力领域
深圳北航新兴产业技术研究院	1214	4	云台、飞控系统、导航系统、多旋翼无人机
北京航空航天大学深圳研究院		0	

续表

外地招引高校院所	母校专利申请量	深圳专利申请量	创新潜力领域
南京航空航天大学深圳研究院	1219	2	云台、飞控系统、导航系统、多旋翼无人机
电子科技大学深圳研究院	1038	0	雷达、飞控系统、导航系统、多旋翼无人机
西北工业大学深圳研究院	975	12	飞控系统、导航系统、多旋翼无人机
北京理工大学深圳研究院	928	0	雷达、飞控系统、导航系统、多旋翼无人机
哈尔滨工业大学深圳研究生院	461	52	碳纤维、飞控系统、导航系统、多旋翼无人机
哈尔滨工业大学（深圳）		9	
浙江大学深圳研究院	455	0	碳纤维
西安电子科技大学深圳研究院	395	0	飞控系统
哈尔滨工程大学深圳海洋研究院	362	0	飞控系统、导航系统
天津大学深圳研究院	376	0	飞控系统、多旋翼无人机
东南大学深圳研究院	337	0	飞控系统、导航系统
深圳清华大学研究院	335	3	雷达、飞控系统、导航系统
清华大学深圳国际研究生院	355	9	
清华大学深圳研究生院		32	
上海交通大学深圳研究院	282	9	碳纤维、飞控系统、多旋翼无人机

致　谢

本研究报告的顺利完成得到了肖霄、张剑、邓爱科、李霄永、陈辉、祝铁军、胡晓珍、任倩倩、伏洪洋、温歆等同志的大力支持，在此谨向以上同志表示衷心感谢！

本研究报告还得到了以下单位的大力支持，一并致谢！（排序不分先后）

- 比亚迪股份有限公司
- 格林美股份有限公司
- 深圳供电局有限公司
- 深圳市安卫普科技有限公司
- 深圳市诚捷智能装备股份有限公司
- 深圳市大疆创新科技有限公司
- 深圳市道通智能航空技术股份有限公司
- 深圳市德方纳米科技股份有限公司
- 深圳市华思旭科技有限公司
- 深圳市科陆电子科技股份有限公司
- 深圳市科卫泰实业发展有限公司
- 深圳市盛弘电气股份有限公司
- 深圳中兴新材技术股份有限公司
- 欣旺达动力科技股份有限公司
- 粤港澳大湾区数字经济研究院（福田）

附录1　申请人名称约定表

约定名称	申请人名称
信越化学	信越化学工业株式会社； SHIN–ETSU CHEMICAL CO., LTD.
索尼	索尼公司； 索尼株式会社； 索尼化学株式会社； 索尼化学&信息部件株式会社； SONY CORPORATION
瑞翁	日本瑞翁株式会社； ZEON CORPORATION
东芝	株式会社东芝； 东芝基础设施系统株式会社； 东芝高新材料公司； TOSHIBA KK
村田制作所	株式会社村田制作所； MURATA MANUFACTURING CO., LTD.
三洋	三洋电机株式会社； 三洋化成工业株式会社； SANYO ELECTRIC CO., LTD.； SANYO CHEMICAL INDUSTRIES, LTD.
住友	住友化学株式会社； 住友精化株式会社； 住友金属矿山株式会社； 住友橡胶工业株式会社； 住友电气工业株式会社； SUMITOMO SEIKA CHEMICALS CO., LTD.； SUMITOMO METAL MINING CO., LTD.； SUMITOMO ELECTRIC INDUSTRIES； SUMITOMO RUBBER INDUSTRIES, LTD.； SUMITOMO CHEMICAL CO.

续表

约定名称	申请人名称
三星	三星电子株式会社； 三星SDI株式会社； 三星精密化学株式会社； SAMSUNG ELECTRONICS CO., LTD.； SAMSUNG SDI CO., LTD.； SAMSUNG FINE CHEMICALS CO., LTD.
松下	松下株式会社； 松下控股株式会社； 松下电器产业株式会社； 松下知识产权经营株式会社； 松下能源（无锡）有限公司； PANASONIC CORPORATION； MATSUSHITA ELECTRIC IND CO LTD.； PANASONIC INTELLECTUAL PROPERTY MANAGEMENT CO., LTD.
LG	LG电子股份公司； LG电子株式会社； LG化学株式会社； LG CHEM CO., LTD.； 株式会社LG新能源； LG ENERGY SOLUTION, LTD.
丰田	丰田自动车株式会社； 丰田自动车欧洲公司； 株式会社丰田自动织机； 丰田自动车工程及制造北美公司； TOYOTA JIDOSHA KABUSHIKI KAISHA； TOYOTA MOTOR ENGINEERING & MANUFACTURING NORTH AMERICA, INC.； TOYOTA MOTOR EUROPE
珠海冠宇	珠海冠宇电池股份有限公司； 珠海光宇电池有限公司； 珠海冠宇动力电池有限公司； ZHUHAI COSMX BATTERY CO., LTD.
SK	SK新技术株式会社； SKC株式会社； SK新能源株式会社； SK ON CO., LTD.； SK NEXILIS CO., LTD.； SK INNOVATION CO., LTD.

续表

约定名称	申请人名称
宁德新能源	宁德新能源科技有限公司； 东莞新能源科技有限公司； NINGDE AMPEREX TECHNOLOGY LTD.
宁德时代	宁德时代新能源科技股份有限公司； CONTEMPORATY AMPEREX TECHNOLOGY CO.，LIMITED
通用	通用汽车环球科技运作有限责任公司； 通用电气公司； GM GLOBAL TECHNOLOGY OPERATIONS LLC；
三菱	三菱化学株式会社； 三菱制纸株式会社； 三菱综合材料株式会社； 三菱自动车工业株式会社； 三菱重工业株式会社； 三菱树脂株式会社； MITSUBISHI PAPER MILLS LIMITED； MITSUBISHI PLASTICS INC； MITSUBISHI CHEMICAL CORPORATION； MITSUBISHI MATERIALS CORPORATION
旭化成	旭化成株式会社； 旭化成电子材料株式会社； ASAHI KASEI KABUSHIKI KAISHA
赛尔格	赛尔格有限责任公司； CELGARD，LLC
帝人	帝人株式会社； 帝人芳纶有限公司； 杜邦帝人先进纸有限公司； DUPONT TEIJIN ADVANCED PAPERS，LTD.； TEIJIN ARAMID B.V.； TEIJIN LIMITED
比亚迪	比亚迪股份有限公司； 惠州比亚迪电池有限公司； 长沙弗迪电池有限公司； 上海比亚迪有限公司； 重庆弗迪电池研究院有限公司； BYD COMPANY LIMITED； BYD CO.，LTD.

续表

约定名称	申请人名称
邦普	广东邦普循环科技有限公司； 湖南邦普循环科技有限公司； 佛山市邦普循环科技有限公司； 宜昌邦普循环科技有限公司； GUANGDONG BRUNP RECYCLING TECHNOLOGY CO., LTD.
国轩高科	合肥国轩高科动力能源有限公司； 合肥国轩电池材料有限公司
日产	日产自动车株式会社； 日产化学株式会社； 日产北美公司； NISSAN MOTOR CO., LTD； NISSAN CHEMICAL INDUSTRIES, LTD.
ATL	新能源科技有限公司； 宁德新能源科技有限公司； 东莞新能德科技有限公司； AMPEREX TECHNOLOGY LIMITED
汤浅	株式会社杰士汤浅电力供应； GS YUASA CORP； GS YUASA INTERNATIONAL LTD.； YUASA BATTERY CO., LTD.
罗伯特·博世	罗伯特·博世有限公司； ROBERT BOSCH GMBH； 罗伯特·博世电池系统有限公司； ROBERT BOSCH BATTERY SYSTEMS LLC
富士	富士重工业株式会社； FUJI HEAVY IND LTD.； FUJI JUKOGYO KABUSHIKI KAISHA
TDK	TDK株式会社； TDK股份有限公司； TDK CORPORATION； TDK ELECTRONICS AG

续表

约定名称	申请人名称
NEC	NEC 东金株式会社； NEC TOKIN CORPORATION； 日本电气株式会社； NEC LAMILION ENERGY, LTD.
远景 AESC	NEC 能源元器件株式会社； 远景 AESC 能源元器件有限公司； NEC ENERGY DEVICES LTD； NEC 能源元器件株式会社
日立	株式会社日立制作所； HITACHI LTD. ； 日立化成株式会社； 日立造船株式会社； 日立汽车系统株式会社； 日立麦克赛尔株式会社； HITACHI ZOSEN CORPORATION； HITACHI AUTOMOTIVE SYSTEMS, LTD. ； HITACHI MAXELL, LTD.
半导体能源	株式会社半导体能源研究所； SEMICONDUCTOR ENERGY LABORATORY CO. LTD.
夏普	夏普株式会社； SHARP KK
大金工业	大金工业株式会社； DAIKIN INDUSTRIES, LTD.
中央硝子	中央硝子株式会社； CENTRAL GLASS CO. , LTD.
东丽	东丽株式会社； 东丽电池隔膜株式会社； 东丽先端素材株式会社； 东丽薄膜先端加工股份有限公司； TORAY INDUSTRIES, INC； TORAY BATTERY SEPARATOR FILM CO. , LTD. ； TORAY ADVANCED FILM CO. , LTD.
宇部兴产	宇部兴产株式会社； UBE INDUSTRIES, LTD.

续表

约定名称	申请人名称
三井	三井化学株式会社； 三井造船株式会社； 三井金属矿业株式会社； 三井-陶氏聚合化学株式会社； MITSUI MINING & SMELTING CO； MITSUI DU PONT POLYCHEMICAL； MITSUI CHEMICALS, INC.
起亚	起亚株式会社； 起亚自动车株式会社； KIA MOTORS CORPORATION
新强能电池	新强能电池公司； ENEVATE CORPORATION
CEA	原子能和替代能源委员会； COMMISSARIAT A L'ENERGIE ATOMIQUE ET AUX ENERGIES ALTERNATIVES
阿克马	阿克马法国公司； ARKEMA INC； ARKEMA FRANCE
蜂巢能源	蜂巢能源科技股份有限公司； 蜂巢能源科技（无锡）有限公司； 蜂巢能源科技（上饶）有限公司； 蜂巢能源科技（马鞍山）有限公司； 蜂巢能源科技（上海）有限公司； SVOLT ENERGY TECHNOLOGY CO., LTD.
万向一二三	万向一二三股份公司； 万向A一二三系统有限公司； A123 SYSTEMS INC.； A123 SYSTEMS, INC.
新宙邦	深圳新宙邦科技股份有限公司； SHENZHEN CAPCHEM TECHNOLOGY CO., LTD.； 南通新宙邦电子材料有限公司
贝特瑞	贝特瑞新材料集团股份有限公司； 深圳市贝特瑞新能源技术研究院有限公司； 贝特瑞（江苏）新能源材料有限公司； BTR NANO TECH CO., LTD.； BTR NEW MATERIAL GROUP CO., LTD.

续表

约定名称	申请人名称
亿纬锂能	惠州亿纬锂能股份有限公司； 惠州亿纬创能电池有限公司； EVE ENERGY CO., LTD.
珠海赛纬	珠海市赛纬电子材料有限公司； 珠海市赛纬电子材料股份有限公司； ZHUHAI SMOOTHWAY ELECTRONIC MATERIALS CO., LTD.
国联汽车	国联汽车动力电池研究院有限责任公司； CHINA AUTOMOTIVE BATTERY RES INST CO LTD.
恩捷新材料	上海恩捷新材料科技有限公司； 上海恩捷新材料科技股份有限公司； SHANGHAI ENERGY NEW MAT TECH CO LTD.； SHANGHAI ENERGY NEW MATERIALS TECHNOLOGY CO., LTD.； 无锡恩捷新材料科技有限公司； 重庆恩捷新材料科技有限公司； 珠海恩捷新材料科技有限公司
星源材质	深圳市星源材质科技有限公司； 深圳市星源材质科技股份有限公司； SHENZHEN SENIOR TECHNOLOGY MATERIAL CO., LTD.
微宏动力	微宏动力系统（湖州）有限公司； MICROVAST POWER SYSTEMS CO., LTD.
欣旺达	欣旺达电子股份有限公司； 欣旺达电动汽车电池有限公司； 深圳欣旺达智能科技有限公司； 欣旺达惠州动力新能源有限公司
锂威新能源	惠州锂威新能源科技有限公司
卫蓝新能源	北京卫蓝新能源科技有限公司； BEIJING WELION NEW ENERGY TECHNOLOGY CO., LTD.
屹锂新能源	上海屹锂新能源科技有限公司
中兴新材	深圳中兴创新材料技术有限公司； 深圳中兴新材技术股份有限公司
中航锂电	中航锂电（洛阳）有限公司； 中航锂电技术研究院有限公司

续表

约定名称	申请人名称
远景科技	远景动力技术（江苏）有限公司
兰钧新能源	兰钧新能源科技有限公司
比克动力	深圳市比克动力电池有限公司； SHENZHEN BAK POWER BATTERY CO., LTD.
恒大新能源	恒大新能源技术（深圳）有限公司
德方纳米	深圳市德方纳米科技有限公司； 深圳市德方纳米科技股份有限公司； 佛山市德方纳米科技有限公司； 曲靖市德方纳米科技有限公司； SHENZHEN DYNANONIC INNOVAZONE NEW ENERGY TECHNOLOGY CO., LTD.
上海杉杉	上海杉杉新材料有限公司； 上海杉杉科技有限公司； SHANGHAI SHANSHAN TECH CO., LTD.
大疆	大疆科技股份有限公司； 深圳市大疆百旺科技有限公司； 深圳市大疆灵眸科技有限公司； 山东大疆航空科技有限公司； 大疆互娱科技（北京）有限公司； 深圳市大疆软件科技有限公司； DJI RES LLC； SZ DJI TECHNOLOGY CO., LTD.； SZ DJI OSMO TECHNOLOGY CO., LTD.； DJ-INNOVATIONS； DJI TECHNOLOGY, INC.
道通智能	深圳市道通科技股份有限公司； 深圳市道通智能航空技术股份有限公司； 深圳市道通合创数字能源有限公司； AUTEL ROBOTICS CO., LTD.； AUTEL ROBOTICS EUROPE GMBH
华为	华为技术有限公司； 华为数字能源技术有限公司； 华为云计算技术有限公司； 华为终端有限公司； 华为终端（深圳）有限公司； HUAWEI TECHNOLOGIES CO., LTD.

续表

约定名称	申请人名称
容祺智能	广东容祺智能科技有限公司； 深圳容祺智能科技有限公司； 浙江容祺智能科技有限公司； GUANGDONG RONGQE INTELLIGENT TECHNOLOGY CO., LTD.
普宙科技	普宙科技有限公司； 普宙科技深圳有限公司； 普宙飞行器科技（深圳）有限公司； 普宙科技（深圳）有限公司武汉分公司； GDU-TECH CO., LTD.； PRODRONE TECHNOLOGY (SHENZHEN) CO., LTD.
腾讯	腾讯科技（深圳）有限公司； 深圳市腾讯计算机系统有限公司； TENCENT TECHNOLOGY (SHENZHEN) COMPANY LIMITED； TENCENT AMERICA LLC.
速腾聚创	深圳市速腾聚创科技有限公司； SUTENG INNOVATION TECHNOLOGY CO., LTD.
云天励飞	深圳云天励飞技术股份有限公司； 深圳云天励飞技术股份有限公司； 江苏云天励飞技术有限公司； 青岛云天励飞科技有限公司； SHENZHEN INTELLIFUSION TECHNOLOGIES CO., LTD.； SHENZHEN YUNTIANLIFEI TECHNOLOGY CO., LTD.
科卫泰	深圳市科卫泰实业发展有限公司
丰翼科技	丰翼科技（深圳）有限公司
富士康	富士康（昆山）电脑接插件有限公司
鸿海精密工业	鸿海精密工业股份有限公司； 鸿富锦精密工业（深圳）有限公司
互酷科技	深圳互酷科技有限公司
峰飞	上海峰飞航空科技有限公司； 峰飞航空科技（昆山）有限公司； 峰飞航空科技（深圳）有限公司； SHANGHAI AUTOFLIGHT CO., LTD.

续表

约定名称	申请人名称
亿航	亿航智能设备（广州）有限公司； 广州亿航智能技术有限公司； 深圳亿航智能技术控股有限公司； EHANG INTELLIGENT EQUIPMENT（GUANGZHOU）CO.，LTD.； GUANGZHOU EHANG INTELLIGENT TECHNOLOGY CO.，LTD.
美团	北京三快在线科技有限公司； 美团科技有限公司； 深圳美团科技有限公司； 深圳美团低空物流科技有限公司； 深圳美团优选科技有限公司； 深圳市美团机器人研究院； 深圳美团优选网络科技有限公司； 深圳三快在线科技有限公司； 深圳三快信息科技有限公司
哈瓦国际	哈瓦国际航空技术（深圳）有限公司
深圳供电局	深圳供电局有限公司
飞马机器人	深圳飞马机器人科技有限公司； 深圳飞马机器人股份有限公司； 天津飞马机器人科技有限公司
汇顶科技	深圳市汇顶科技股份有限公司； 汇顶科技（成都）有限责任公司； SHENZHEN HUIDING TECHNOLOGY CO.，LTD.； SHENZHEN GOODIX TECHNOLOGY CO.，LTD.
塞防科技	深圳市塞防科技有限公司
镭神智能	深圳市镭神智能系统有限公司
欢创科技	深圳市欢创科技有限公司
砺剑天眼科技	深圳砺剑天眼科技有限公司； 四川砺剑天眼科技有限公司； 绵阳砺剑天眼科技有限公司
九天创新科技	深圳市九天创新科技有限责任公司
阜时科技	深圳阜时科技有限公司； 成都阜时科技有限公司

续表

约定名称	申请人名称
双十科技	深圳双十科技有限公司
中科寒武纪	中科寒武纪科技股份有限公司； 北京中科寒武纪科技有限公司； CAMBRICON TECHNOLOGIES CORPORATION LIMITED
北京地平线	北京地平线信息技术有限公司； 北京地平线机器人技术研发有限公司； BEIJING HORIZON INFORMATION TECHNOLOGY CO., LTD.； BEIJING HORIZON ROBOTICS TECHNOLOGY RESEARCH AND DEVELOPMENT CO., LTD.
上海寒武纪	上海寒武纪信息科技有限公司； SHANGHAI CAMBRICON INFORMATION TECHNOLOGY CO., LTD.
格科微电子	格科微电子（上海）有限公司； GALAXYCORE SHANGHAI LIMITED CORPORATION
上海集成电路	上海集成电路研发中心有限公司； 上海集成电路装备材料产业创新中心有限公司； SHANGHAI IC R&D CENTER CO., LTD.
肇观电子	上海肇观电子科技有限公司； 昆山肇观电子科技有限公司； NEXTVPU (SHANGHAI) CO., LTD.
北京领恩科技	北京领恩科技有限公司
中国商飞	中国商用飞机有限责任公司； COMMERCIAL AIRCRAFT CORPORATION OF CHINA, LTD.
沃兰特	上海沃兰特航空技术有限责任公司
时的科技	上海时的科技有限公司
磐拓航空	上海磐拓航空科技服务有限公司
智航无人机	深圳智航无人机有限公司
翔农创新科技	深圳市翔农创新科技有限公司
贝塔	BETA AIR LLC.
特克斯特朗	特克斯特朗创新有限公司； TEXTRON INNOVATIONS INC.； TEXTRON SYSTEMS CORPORATION

续表

约定名称	申请人名称
通用电气	通用电气航空系统有限责任公司； GENERAL ELECTRIC COMPANY； GE AVIATION SYSTEMS LLC.； GE AVIATION SYSTEMS LIMITED
赛峰	赛峰直升机发动机公司； 赛峰电子与防务公司； SAFRAN ELECTRONICS & DEFENSE； SAFRAN HELICOPTER ENGINES； SAFRAN ELECTRICAL & POWER； SAFRAN AIRCRAFT ENGINES； SAFRAN LANDING SYSTEMS； SAFRAN POWER UNITS
乔比升高	乔比升高有限公司；JOBY AERO, INC.； JOBY AVIATION, INC.； JOBY ELEVATE, INC.
贝尔直升机	贝尔直升机德事隆公司； 贝尔直升机泰克斯特龙公司； BELL HELICOPTER TEXTRON INC.； BELL TEXTRON INC.
威斯克航空	威斯克航空有限责任公司； WISK AERO LLC.
小鹰公司	KITTY HAWK CORPORATION
阿拉基	ALAKAI DEFENSE SYSTEMS, INC.
波音	波音公司； THE BOEING COMPANY
阿切尔航空	阿切尔航空公司； ARCHER AVIATION INC.
西科尔斯基	西科尔斯基飞机公司； SIKORSKY AIRCRAFT CORPORATION； SIKORSKY AIRCRAFT CORPORATION, A LOCKHEED MARTIN COMPANY
恒神股份	江苏恒神股份有限公司

续表

约定名称	申请人名称
中复神鹰	中复神鹰碳纤维股份有限公司； 中复神鹰碳纤维有限责任公司； 中复神鹰（上海）科技有限公司； 中复神鹰碳纤维西宁有限公司； ZHONGFU SHENYING CARBON FIBER CO., LTD.； CHINA NATIONAL BUILDING MATERIAL GROUP CO., LTD.； ZHONGFU SHENYING（SHANGHAI）TECHNOLOGY CO., LTD.
光威复材	威海光威复合材料股份有限公司； WEIHAI GUANGWEI COMPOSITES CO., LTD.
霍尼韦尔	霍尼韦尔国际公司； HONEYWELL INTERNATIONAL INC.
泰利斯	泰勒斯公司； THALES TECHNOLOGY CO., LTD.； THALES NEDERLAND B.V； THALES ALENIA SPACE ITALIA S.P.A. CON UNICO SOCIO； THALES AVIONICS, INC.
高通	高通股份有限公司； QUALCOMM INCORPORATED
雷神	RAYTHEON COMPANY； RAYTHEON TECHNOLOGIES CORPORATION
欧洲直升机	欧洲直升机公司； AIRBUS HELICOPTERS
罗克韦尔柯林斯	罗克韦尔柯林斯公司； ROCKWELL COLLINS, INC.； ROCKWELL COLLINS DEUTSCHLAND GMBH
阿波罗智能技术	阿波罗智能技术（北京）有限公司
星网宇达	北京星网宇达科技股份有限公司
九天创新	深圳市九天创新科技有限责任公司； 九天创新（广东）智能科技有限公司
大漠大智控	深圳大漠大智控技术有限公司
Lilium	百合航空有限公司； LILIUM GMBH； LILIUM EAIRCRAFT GMBH

续表

约定名称	申请人名称
高途乐	高途乐公司； GOPRO INC.
亚马逊	亚马逊科技公司； 亚马逊技术股份有限公司； AMAZON TECHNOLOGIES, INC.
卢米诺技术公司	卢米诺有限责任公司； LUMINAR TECHNOLOGIES, INC.
微软	微软技术许可有限责任公司； MICROSOFT CORPORATION； MICROSOFT TECHNOLOGY LICENSING, LLC.
伟摩	伟摩有限责任公司； WAYMO LLC.
联合工艺公司	联合技术公司； UNITED TECHNOLOGIES CORPORATION
小松制作所	株式会社小松制作所； KOMATSU LTD.
鹦鹉股份	鹦鹉股份有限公司； 鹦鹉无人机股份有限公司； PARROT； PARROT DRONES
ACE	ADVANCED COMPOSITE ENGINEERING GMBH
卓尔泰克	ZOLTEK CORPORATION
纱帝公司	SAATI GROUP

附录2　产业调查问卷

关于电化学储能产业的调查问卷

中国（深圳）知识产权保护中心（深圳国家知识产权局专利代办处）（以下简称"知保中心"）属于深圳市市场监督管理局（深圳市知识产权局）下属公益一类事业单位，现知保中心拟围绕电化学储能产业开展专利分析研究工作。为保证研究成果更好地服务本地企业、贴合产业实际，特开展本次调研活动，旨在从企业主体角度了解电化学储能产业重点热点关键技术，了解企业实际需求。项目组将依据企业的关注重点，精准选取关键技术领域和具体研究内容，高质量服务深圳电化学储能产业。

感谢您在百忙之中填写此问卷！

企业名称：＿＿＿＿＿＿＿＿＿＿＿＿＿＿＿＿
填写人姓名：＿＿＿＿＿＿＿＿＿＿＿＿＿＿
填写人职位：＿＿＿＿＿＿＿＿＿＿＿＿＿＿
联系电话：＿＿＿＿＿＿＿＿＿＿＿＿＿＿＿
填写时间：＿＿＿＿＿＿＿＿＿＿＿＿＿＿＿

****

一、产业情况

1. 贵公司主要涉及电化学储能产业的哪些领域？

（1）锂离子电池

○正极材料：☐钴酸锂　☐锰酸锂　☐磷酸铁锂　☐硫化物　☐三元复合物
其他：＿＿＿＿＿＿＿＿＿＿

○负极材料：☐硅基负极　☐碳类负极　☐硫化物　☐氧化物　☐金属锂负极
其他：＿＿＿＿＿＿＿＿＿＿

○隔膜：☐基膜　☐涂层隔膜
其他：＿＿＿＿＿＿＿＿＿＿

○电解质：☐电解液　☐固态电解质
其他：＿＿＿＿＿＿＿＿＿＿

（2）铅酸电池
具体技术方向：＿＿＿＿＿＿＿＿＿＿＿＿

（3）液流电池
具体技术方向：＿＿＿＿＿＿＿＿＿＿＿＿

(4) 基础材料
具体技术方向：_____
(5) 储能器件
具体技术方向：_____
(6) 应用领域
具体技术方向：_____
(7) 其他：_____

2. 贵公司在重点领域关心的竞争对手主要有哪些？
填写格式：×××领域——×××竞争对手
_____

3. 贵公司产品是否出口？
☐没有　☐没有，但有出口计划
☐有
产品出口/计划出口国家、地区有哪些？
☐美国　☐日本　☐韩国　☐欧洲
其他：_____
☐没有　☐不了解

4. 据您所知，深圳电化学储能产业主要出口国家、地区有哪些？
☐美国　☐日本　☐韩国　☐欧洲
其他：_____
☐没有　☐不了解

5. 您认为电化学储能产业还在哪些国家、地区具备较好的市场潜力？
_____

二、技术领域

1. 您认为目前深圳电化学储能产业的技术难点集中在哪些领域？
☐正极材料　☐负极材料　☐隔膜　☐电解质
☐基础材料　☐储能器件　☐应用领域
其他：_____

2. 您认为深圳电化学储能产业在哪些领域存在技术短板？
☐正极材料　☐负极材料　☐隔膜　☐电解质
☐基础材料　☐储能器件　☐应用领域
其他：_____

3. 您认为贵公司目前在哪些领域具备一定技术优势？
☐正极材料　☐负极材料　☐隔膜　☐电解质
☐基础材料　☐储能器件　☐应用领域
其他：_____

4. 贵公司未来3～5年将在哪些领域加大研发力度？

☐正极材料　　☐负极材料　　☐隔膜　　☐电解质
☐基础材料　　☐储能器件　　☐应用领域
其他：_____
☐不了解

三、专利领域

1. 贵公司拥有哪些海外专利？
☐美国　☐日本　☐韩国　☐欧洲　☐世界知识产权组织
其他：_____
☐没有　☐不了解

2. 贵公司开展哪些海外专利布局时遭遇阻碍？
☐美国　☐日本　☐韩国　☐欧洲　☐世界知识产权组织
其他：_____
☐没有　☐不了解

3. 贵公司在海外国家/地区的专利布局所遇的阻碍类型？
☐国外政策　☐国内政策　☐国外收费问题　☐国内收费问题　☐没有
其他：_____

4. 贵公司是否遭遇过知识产权诉讼？
☐没有
☐有
（1）国内专利诉讼情况
☐贵公司为原告
被告方：_____
诉讼结果：_____
☐贵公司为被告
原告方：_____
诉讼结果：_____
（2）境外专利诉讼情况
☐贵公司为原告
被告方：_____
诉讼结果：_____
☐贵公司为被告
原告方：_____
诉讼结果：_____
（3）其他知识产权诉讼情况
☐贵公司为原告
被告方：_____
诉讼结果：_____

☐贵公司为被告
原告方：_____
诉讼结果：_____

5. 贵公司是否有专利预审（快速审查）需求？
☐所有专利都有需求　　☐部分专利有需求
☐不需要　　　　　　　☐不了解
如有，您最迫切希望走专利预审通道的领域是：_____

6. 据您所知，深圳电化学储能产业在哪些领域存在潜在专利侵权风险？
☐正极材料　　☐负极材料　　☐隔膜　　☐电解质
☐基础材料　　☐储能器件　　☐应用领域
其他：_____
☐不了解

关于低空经济产业的调查问卷

中国（深圳）知识产权保护中心（深圳国家知识产权局专利代办处）（以下简称"知保中心"）属于深圳市市场监督管理局（深圳市知识产权局）下属公益一类事业单位，现知保中心拟围绕低空经济产业开展专利分析研究工作。为保证研究成果更好地服务本地企业、贴合产业实际，特开展本次调研活动，旨在从企业主体角度了解低空经济产业重点热点关键技术，了解企业实际需求。项目组将依据企业的关注重点，精准选取关键技术领域和具体研究内容，高质量服务深圳低空经济产业。

感谢您在百忙之中填写此问卷！

单 位 名 称：_____
填写人姓名：_____
填写人职位：_____
联 系 电 话：_____
填 写 时 间：_____

****

一、产业及技术情况

1. 贵公司主要涉及低空经济产业的哪些领域，以及哪些方向属于该产业核心技术领域？

（1）原材料
☐铝合金　☐钛合金　☐航空钢材　☐陶瓷基材
复合材料：☐碳纤维　☐玻璃纤维　☐树脂基材
其他：_____
您认为该领域最核心技术方向是：_____

（2）零部件
☐芯片 ☐板卡 ☐发动机 ☐陀螺
☐机身构造（机翼、机身、机头、雷达罩、螺旋桨、起落架等）
其他：_____
您认为该领域最核心技术方向是：_____
（3）系统
航空航天系统：☐机电系统 ☐飞控系统 ☐导航系统 ☐通信系统 ☐图传系统 ☐电源系统
地面系统：☐遥控监测 ☐系统监测 ☐数据处理 ☐起降系统 ☐指挥系统
☐辅助设备
其他：_____
您认为该领域最核心技术方向是：_____
（4）载荷
☐传感器 ☐云台 ☐武器设备
☐光电设备（可见光相机、红外相机、激光测距仪、激光照明器、激光制导头）
☐雷达［合成孔径雷达（SAR）、毫米波雷达、多模式雷达］
☐通信设备（数据链设备、卫星通信设备、中继通信设备）
其他：_____
您认为该领域最核心技术方向是：_____
（5）整机制造
无人机：☐固定翼无人机 ☐多旋翼无人机 ☐伞翼无人机
eVTOL：☐有人机 ☐无人机
☐直升机
其他：_____
您认为该领域最核心技术方向是：_____
（6）应用场景
生产作业类：☐农林植保 ☐测绘地理 ☐电力巡检 ☐石油服务
公共服务类：☐巡查安防 ☐医疗救护 ☐低空物流
航空消费类：☐低空旅游 ☐低空表演
其他：_____
您认为该领域最核心技术方向是：_____
（7）其他：_____

2. 贵公司在重点领域关心的竞争对手主要有哪些？
填写格式：×××领域——×××竞争对手
_____

3. 贵公司产品是否出口？
☐没有 ☐没有，但有出口计划

☐有

产品出口/计划出口国家、地区有哪些?

☐美国　　☐日本　　☐韩国　　☐欧洲

其他：_____

☐没有　☐不了解

4. 据您所知，低空经济产业哪些国家/地区，或城市存在技术或市场优势？

_____

☐不了解

二、专利情况

1. 贵公司拥有哪些海外专利？

☐美国　　☐日本　　☐韩国　　☐欧洲　　☐世界知识产权组织

其他：_____

☐没有　☐不了解

2. 贵公司开展哪些海外专利布局时遭遇阻碍？

☐美国　　☐日本　　☐韩国　　☐欧洲　　☐世界知识产权组织

其他：_____

☐没有　☐不了解

3. 贵公司在海外国家/地区的专利布局所遇的阻碍类型？

☐国外政策　　☐国内政策　　☐国外收费问题　　☐国内收费问题　　☐没有

其他：_____

三、知识产权工作需求

1. 贵公司是否有专利预审（快速审查）需求？

☐所有专利都有需求　　　　☐部分专利有需求

☐不需要　　　　　　　　　☐不了解

如有，您最迫切希望走专利预审通道的领域是：

_____

2. 贵公司是否有专利批量预审需求？

☐所有专利都有需求　　　　☐部分专利有需求

☐不需要　　　　　　　　　☐不了解

如有，您最迫切希望走专利批量预审通道的领域是：

_____

3. 贵公司是否向深圳保护中心提交过预审案件？

☐已提交　　　　　　　☐未提交

4. 如已提交过预审案件，请问贵公司对深圳保护中心的预审服务是否满意？

☐满意　　　　　　　　☐不满意

如不满意，有哪些原因：

_____

5. 除深圳保护中心外，贵公司已注册备案/计划注册备案的保护中心有哪些？
☐广东省保护中心   ☐广州保护中心
其他：_____
☐无
贵公司向其他保护中心注册备案的原因是：
☐符合受理领域   ☐效率高   ☐服务好   ☐政策支持
其他：_____

6. 贵公司今年是否计划向深圳保护中心提交预审案件？
☐有计划   ☐不确定   ☐无计划
不确定/无计划的原因是：
_____

7. 对深圳保护中心的预审工作，贵公司有哪些需求和建议？
_____

8. 贵公司是否在专利导航、预警、FTO 检索分析等方面存在咨询需求？
☐专利导航   ☐专利预警分析
☐FTO 检索分析   ☐没有需求
其他：_____

9. 其他需求：_____

图 索 引

图 1-1 深圳"20+8"产业发明专利申请趋势及创新主体 2013~2023 年分布（2）

图 1-2 深圳拥有"20+8"产业有效发明专利的创新主体情况（3）

图 1-3 深圳与北京、上海在"20+8"的 5 个优势产业发明专利有效量的对比情况（6）

图 1-4 深圳在 5 个优势产业的发明专利有效量排名前 20 位的创新主体情况（8）

图 1-5 深圳和北京在智能终端、脑科学与类脑智能 2 个产业全球发明专利申请量排名前 20 位的创新主体情况（11）

图 1-6 深圳与北京、上海在半导体与集成电路产业的发明专利对比情况（13）

图 1-7 深圳在中国工业母机产业全球发明专利申请量占比情况（14）

图 1-8 工业母机产业中国发明专利申请量国内城市排名情况（14）

图 1-9 深圳和北京在安全节能环保产业全球发明专利申请趋势（16）

图 1-10 北京在安全节能环保产业全球发明专利中的合作申请情况（16）

图 1-11 北京在安全节能环保产业企业参与合作申请的情况（16）

图 1-12 生物医药产业高校/科研院所、企业和个人的全球发明专利申请量对比情况（17）

图 1-13 细胞与基因产业高校/科研院所、企业和个人的全球发明专利申请量对比情况（17）

图 1-14 大健康产业 2013~2023 年发明专利申请情况（20）

图 1-15 北京、上海和广州的高校/科研院所在大健康产业的国内发明专利有效量情况（21）

图 1-16 国内城市在海洋产业 2013~2023 年的全球发明专利申请量排名情况（22）

图 1-17 海洋产业深圳与国内前四位城市的高校/科研院所全球发明专利申请量情况（22）

图 2-1 锂离子电池五大关键材料的五局/地区专利申请流向图（39）

图 2-2 锂离子电池五大关键材料的全球专利申请趋势（41~42）

图 2-3 锂离子电池五大关键材料的全球、境外和境内专利储备量的技术分布情况（44）

图 2-4 锂离子电池五大关键材料全球专利储备的重点创新主体情况（46）

图 2-5 全球重点竞争对手在主要市场的重要专利分布情况（49）

图 2-6 全球重点竞争对手重要专利的技术分布情况（50）

图 2-7 中国市场还需重点关注企业在主要市场的重要专利分布情况（53）

图 2-8 中国市场还需重点关注企业重要专利的技术分布情况（53）

图 2-9 日本市场还需重点关注企业重要专利的技术分布情况（55）

图 2-10 韩国市场还需重点关注企业重要专利的技术分布情况（56）

图 2-11 美国市场还需重点关注企业重要专利的技术分布情况（57）

图 2-12 欧洲市场还需重点关注企业重要专利的技术分布情况（58）

图 2-13 深圳主要企业在主要市场的专利储备情况（62）

141

图 2-14	深圳主要企业在主要市场专利储备的技术分布情况 (63)		创新主体构成分布 (93)
图 3-1	低空经济产业链结构 (67)	图 3-16	北京、上海和深圳视觉芯片领域重要企业的专利对比情况 (94)
图 3-2	低空经济产业链各环节代表企业 (69)	图 3-17	eVTOL 领域全球主要国家/地区的专利储备量情况 (95)
图 3-3	深圳低空经济产业专利公开情况 (74)	图 3-18	中国境内在 eVTOL 领域的专利储备量城市排名 (95)
图 3-4	大疆与深圳其他主体在低空经济产业九大关键核心技术领域的专利布局趋势 (75)	图 3-19	中国境内 eVTOL 领域主要城市的主要创新主体专利对比情况 (97)
图 3-5	大疆历年专利布局占深圳相应专利布局总量的比值情况 (76)	图 3-20	美国在 eVTOL 领域专利储备量排名前 12 位的创新主体情况 (98)
图 3-6	深圳低空经济产业关键核心技术领域专利法律状态的情况 (79)	图 3-21	中国、日本、美国在碳纤维领域专利公开趋势 (99)
图 3-7	深圳低空经济产业关键核心技术领域的专利维持情况 (79)	图 3-22	深圳在碳纤维领域的专利申请情况 (99)
图 3-8	低空经济产业关键核心技术领域全球专利储备分布情况 (81)	图 3-23	中国、日本和美国碳纤维领域不同创新主体的专利储备量情况 (100)
图 3-9	深圳与美国、欧洲和北京 2004~2024 年不同时间段专利储备的技术构成变化情况 (82)	图 3-24	建议引进企业碳纤维及相关领域专利情况 (101)
图 3-10	中国境内低空经济产业关键核心技术领域专利储备量排名前 15 位城市的情况 (83)	图 3-25	我国境内低空经济产业碳纤维领域高校专利排名 (102)
图 3-11	深圳与全球主要国家/地区在低空经济产业云台领域的专利申请量对比情况 (84)	图 3-26	导航系统领域全球主要国家/地区的专利情况 (103)
图 3-12	深圳与北京在四个相对优势领域的专利储备量对比情况 (86)	图 3-27	我国境内导航系统领域主要城市的专利情况 (104)
图 3-13	北京在四个相对优势领域的高校专利公开量占比 (87~88)	图 3-28	深圳在导航系统领域的创新主体排名情况 (104)
图 3-14	我国境内主要城市在视觉芯片领域专利储备情况 (92)	图 3-29	北京和深圳高校院所群体在导航系统领域的专利技术产出占比情况 (105)
图 3-15	我国境内主要城市在视觉芯片领域的	图 3-30	在惯性导航领域具备良好技术基础的企业 (107)

表 索 引

表1-1 深圳"20+8"产业有效发明专利拥有情况（3）

表1-2 "20+8"产业发明专利申请量和有效量的深圳占比、中国占比及区位熵情况（4）

表1-3 深圳、北京、上海单位创新主体2013~2023年发明专利申请量（6）

表1-4 深圳在5个优势产业发明专利有效量排名前20位的创新主体情况（7）

表1-5 深圳和北京在超高清视频显示产业的龙头企业发明专利对比情况（9）

表1-6 智能终端、脑科学与类脑智能产业全球发明专利申请情况（10）

表1-7 制造业单项冠军遴选条件（12）

表1-8 深圳智能终端产业及相关领域的制造业单项冠军发明专利情况（12）

表1-9 我国工业母机领域高校/科研院所中的重要发明团队及其专利技术产出情况（15）

表1-10 北京和上海在生物医药产业的主要高校/科研院所情况（18）

表1-11 香港在生物科技领域的主要高校/科研院所情况（18~19）

表1-12 香港设立的深圳科研机构在生物医药产业的发明专利申请情况（19）

表1-13 新材料产业国内主要城市的发明专利申请对比情况（21）

表1-14 深地深海产业2013~2023年的发明专利情况（23）

表1-15 深圳"20+8"产业全球发明专利有效量超过千件的主体名单（24~25）

表1-16 深圳TOP 31主体在"20+8"单个产业的发明专利有效量情况（26）

表1-17 深圳"20+8"产业典型代表性创新主体情况（27~29）

表1-18 深圳上市企业在"20+8"产业的全球发明专利有效量情况（31）

表1-19 深圳专精特新"小巨人"企业在"20+8"产业的全球发明专利有效量情况（32）

表1-20 潜力技术产业及热点创新领域的新兴科技企业的情况（34~35）

表2-1 锂离子电池五大关键材料五局/地区技术分布情况（44~45）

表2-2 锂离子电池五大关键材料重点竞争对手的专利布局情况（48）

表2-3 中国市场还需重点关注的企业情况（52）

表2-4 日本市场还需重点关注的企业情况（54）

表2-5 韩国市场还需重点关注的企业情况（55）

表2-6 美国市场还需重点关注的企业情况（56）

表2-7 欧洲市场还需重点关注的企业情况（57）

表2-8 中国境内主要城市及其创新主体的专利布局情况（59）

表2-9 中国境内专利有效量排名前25位的企业主体情况（60）

表2-10 锂离子电池五大关键材料领域深圳主要企业的全球专利布局情况（61）

表3-1 低空经济产业九大关键核心技术检索范围（72）

表3-2 低空经济产业九大关键核心技术领域专利申请情况（73）

表3-3 深圳低空经济产业九大关键核心技术领域前20位创新主体专利申请情况

表 3-4 深圳低空经济产业引入企业相关专利申请情况 (78)

表 3-5 深圳低空经济产业关键核心技术领域的专利储备量分布情况 (80)

表 3-6 中国境内在低空经济产业云台领域主要城市的专利分布情况 (84)

表 3-7 云台领域建议重点合作的高校院所及其专利布局情况 (85)

表 3-8 北京在四个相对优势领域的优质企业专利布局情况 (88)

表 3-9 深圳在四个相对优势领域专利储备量排名前十位的创新主体情况 (89~90)

表 3-10 全球主要国家/地区在四个相对优势领域专利申请量 TOP 50 的创新主体分布情况 (91)

表 3-11 深圳优质半导体/芯片企业 (94)

表 3-12 中国境内 eVTOL 领域主要城市的创新主体构成分布情况 (96)

表 3-13 碳纤维领域全球主要国家的专利情况 (100)

表 3-14 导航系统领域全球专利数量排名前十位的创新主体情况 (103)

表 3-15 我国境内在导航系统领域专利储备量排名靠前的高校院所情况 (106)

表 3-16 深圳和上海在视觉芯片及相关领域的政策对比表 (110~114)

表 3-17 深圳低空经济产业本土重点及潜力企业的专利分布情况 (116)

表 3-18 深圳外地招引企业其母公司及引入后在深圳的专利申请量对比情况 (117)

表 3-19 深圳外地招引高校院所其母校及引入后在深圳的专利申请量对比情况 (117~118)